超临界二氧化碳
喷射致裂增渗机理

宋维强　倪红坚　张俊明　著

北　京
冶金工业出版社
2023

内 容 简 介

本书系统介绍超临界二氧化碳喷射压裂技术,具体内容包括:二氧化碳在井筒和射孔内的传热流动规律;岩体在超临界二氧化碳浸泡和压力载荷作用下的物理力学性质变化及其对裂缝扩展的影响规律;基于井筒流动规律研究成果和裂缝扩展调控需求的井筒压力调控理论与方法;结合工程需求,介绍二氧化碳环空携砂上返流动规律,并提出输砂建议。

本书可供从事煤层气、页岩油气开发的广大工程技术人员、科研人员,以及相关领域高校师生参考。

图书在版编目(CIP)数据

超临界二氧化碳喷射致裂增渗机理/宋维强,倪红坚,张俊明著.—北京:冶金工业出版社,2022.3(2023.12重印)
ISBN 978-7-5024-9030-0

Ⅰ.①超… Ⅱ.①宋… ②倪… ③张… Ⅲ.①超临界—二氧化碳—气体压裂—完井—研究 Ⅳ.①TE357.3 ②TE257

中国版本图书馆 CIP 数据核字(2022)第 014417 号

超临界二氧化碳喷射致裂增渗机理

出版发行	冶金工业出版社		电　话	(010)64027926
地　址	北京市东城区嵩祝院北巷 39 号		邮　编	100009
网　址	www.mip1953.com		电子信箱	service@ mip1953.com

责任编辑　姜恺宁　美术编辑　燕展疆　版式设计　郑小利
责任校对　范天娇　责任印制　窦　唯
北京建宏印刷有限公司印刷
2022 年 3 月第 1 版,2023 年 12 月第 2 次印刷
710mm×1000mm　1/16;7 印张;194 千字;104 页
定价 58.00 元

投稿电话　(010)64027932　投稿信箱　tougao@cnmip.com.cn
营销中心电话　(010)64044283
冶金工业出版社天猫旗舰店　yjgycbs.tmall.com
(本书如有印装质量问题,本社营销中心负责退换)

前　　言

　　非常规油气（页岩油气、煤层气、致密油气）是保障国家能源安全的重要接替资源，采用水力压裂技术改造储层是实现非常规油气资源商业化开发的主要措施。针对水基压裂液用水量大、易造成储层伤害的问题，研究发现超临界二氧化碳独特的物理化学性质有利于提高油气资源开发效率，还可实现地下碳封存，助力"双碳"目标。但目前如何安全高效地将二氧化碳用作压裂液仍面临诸多机理和技术难题。

　　近十余年来，笔者一直致力于实现二氧化碳压裂液与喷射压裂工艺的优势互补，从事二氧化碳喷射压裂理论与技术方面的探索研究，并取得了一定的研究成果。本书较为系统地梳理了这些研究成果，希望能为促进非常规油气钻完井技术的研究和发展提供有益参考。

　　本书遵循实际工艺流程，详细介绍了如下内容：二氧化碳在井筒和射孔内的传热流动规律；岩体在超临界二氧化碳浸泡和压力载荷作用下的物理力学性质变化及其对裂缝扩展的影响规律；基于井筒流动规律研究成果和裂缝扩展调控需求的井筒压力调控理论与方法；结合工程需求，介绍二氧化碳环空携砂上返流动规律研究成果，并给出优化清砂效果的建议。

　　本书注重科学性、严谨性、实用性和系统性，内容以理论分析和室内实验为主，此外包括数值模拟和实际应用。书中研究成果得到王瑞和、孙宝江等多位专家学者的指导；初稿完成后，邀请王春光、张士川等多位专家进行了审阅；得到了沈宝堂教授对本书出版的资助；

同时，本书在编写过程中还参考和借鉴了部分学者的研究及应用成果；在此，作者一并致以衷心感谢。

  由于笔者学识和专业水平有限，书中不当之处，敬请广大读者批评指正。

作 者

2021 年 6 月

目 录

1 绪 论

1.1 概述

随着国民经济的快速发展，我国能源需求持续高速增长，特别是石油消费对外依存度逐年增加，严重威胁我国能源安全。而与此同时，常规油气产量逐年递减，从全球不可再生能源的勘探开发现状分析发现，以页岩气为代表的非常规油气是最现实的接替资源。利用水力压裂技术分段压开低孔、低渗的页岩气藏，提高页岩气资源动用效率是全球能源行业关注的焦点问题[1~3]。我国页岩气资源储量丰富，商业化开发页岩气有利于保障国家能源安全，并顺应我国未来能源结构调整的方向。

页岩气开发实践表明，常规水力压裂技术用水量巨大，成为制约该技术应用于页岩气资源广泛分布而水资源匮乏的西北部地区的主要因素；其次，水基压裂液中含有大量化学添加剂，极易造成环保和成本压力；而且，水基压裂液易与黏土矿物发生水锁反应，对后续开发造成不利影响。为此，国内外正积极探索新型无水压裂技术以期实现页岩气资源的强化开发[4]。

国内外的探索研究表明[5, 6]，超临界二氧化碳独特的物理化学性质有利于提高油气资源的开发效率。例如，井下超临界二氧化碳密度接近水，可有效传递载荷，破岩效率约为水射流的三倍；黏度接近气体，循环流动的压耗远小于常规钻完井液体；不伤害储层，有较强的扩散能力和溶解能力，有利于溶解有机质，改善储层渗透性；还可通过竞争吸附置换甲烷气，在提高采收率的同时实现二氧化碳地下封存，主动实现节能减排。

喷射压裂技术基于流体动力学原理自行封隔目标层，一次起下管具即可完成多段压裂，因此可大幅减少非生产时间，安全高效地改造储层[7]。在现有认识的基础上，实现超临界二氧化碳钻完井技术和喷射压裂技术的优势互补，发展超临界二氧化碳喷射压裂理论与技术，符合技术经济发展的"低碳"趋势。该方法尤其适用于页岩气等非常规油气资源的强化开发利用领域，对于保障国家能源安全、节能减排和成本控制均具有十分重要的理论和现实意义。

1.2 国内外技术发展现状

1.2.1 页岩气勘探开发现状

页岩气是指赋存于泥岩或页岩中的天然气。据美国能源信息署（EIA）预测，我国页岩气可采资源量是美国的 1.5 倍多，高达 36 万亿立方米，居世界首位。而且中国的四川盆地、鄂尔多斯盆地和塔里木盆地等都可能含有更易于开发的海相页岩。北美页岩革命引发了全球页岩气开发热潮，而我国不论是页岩气总储量还是技术可采储量都要比美国丰富。借鉴北美经验，实现页岩气的商业化开发，对于保障我国能源安全及经济长期稳定发展具有重要意义，并顺应了我国未来能源结构调整的方向。

页岩气藏具有自生自储、无气–水界面、大面积连续成藏等特征。页岩气储层物性差，属于典型的低孔、低渗油气藏（孔隙度一般为 1%~6%，渗透率小于 $10^{-6}\mu m^2$），而且吸附态的甲烷含量高（20%~85%）。因此，"水平井+多段压裂"是目前开发动用页岩气资源的主要技术手段，并逐渐形成了"井工厂"的开发模式（多井井场+工厂化钻井）[8]。纳米尺度的孔隙在页岩储层中占有很大比例，在此尺度范围内，表面张力对储层内部流体的输运起决定性作用[9]。目前，页岩气藏压裂改造主要采用滑溜水体系。滑溜水中含有减阻剂、抑菌剂、除垢剂等表面活性剂，其黏度低于纯水，因而有利于压出更加复杂的裂隙网络，并且压裂后上返效率更高[10~12]。

现有开发模式在实践中取得了较大成功，但限制因素也是客观存在的。（1）水资源严重短缺是我国页岩气开发所面临的最大挑战。我国页岩气资源广泛分布于水资源匮乏的西北部地区，平均每口页岩气井的耗水量高达 1.5 万立方米，加之整个页岩气田的开采需要的井数又极多。（2）关键技术的挑战。与美国的情况不同，我国页岩气资源普遍埋藏更深，地质条件更为复杂，热演化度更高，这对钻井和压裂技术提出了更高要求。（3）环境保护的挑战。水基压裂液中含有大量化学添加剂用以改善压裂效果，提高携砂效率。压裂过程中，添加剂会严重污染地下水；上返后，压裂液的储集及无害化处理极大地增加了施工成本。为此，许多欧洲国家已明令禁止实施水力压裂。（4）储层对液相伤害、固相伤害的敏感性强；水基压裂液在页岩气藏纳米或微米级孔隙中渗透流动时，极易产生"水锁效应"，对后续开发产生不利影响[4]。（5）大型设备运输及作业规模的约束。在可预见的未来，上述约束条件仍将制约中国页岩气资源的大规模商业化开发利用。国家《页岩气十二五发展规划》中明确要求"研发新型压裂液、开展压裂液处理和再利用的技术攻关，掌握适用于中国页岩气开发的增产改造核心技术，提高页岩气单井产量"，同时要"节约水资源利用"，这表明探索新型压裂技术已是国家战略层面的需求[13]。

目前，国内外都在积极探索无水压裂液体系用以强化页岩气的高效开发。油气开发行业在压裂现场初步地探索应用了液化石油气（LPG）体系[14,15]和二氧化碳（CO_2）体系[4,16]，两种体系可以很好地克服水基压裂液的不足。LPG压裂技术主要以丙烷混合物代替水基压裂液进行压裂作业，该技术具有造缝长、携砂能力强、不伤害储层等优势。实践证实，与水力压裂相比，LPG压裂技术可将最终采收率提高20%~30%。LPG体系的主要缺陷在于经济性和安全性方面存在先天不足。二氧化碳压裂液体系的主要优势包括：（1）井下二氧化碳黏度低于滑溜水，并且在裂缝扩展瞬间，二氧化碳因等熵输运（瞬时填充新缝隙）而诱发温度应力，二者综合作用有利于压出更为复杂有利的缝网系统；（2）二氧化碳与储层中的烃类互溶，无表面张力和"水锁效应"；（3）由于分子极性的存在，二氧化碳更易吸附于页岩孔隙和裂缝的表面，进而置换出吸附态的无分子极性的CH_4，有利于提高采收率；（4）压裂后部分二氧化碳可实现地质埋存，有利于节能减排[17]。现存主要问题是，现场应用实例较少，理论研究尚不系统，二氧化碳压裂液体系的现场推广有待进一步科研攻关的支撑。此外，近年来针对氮气（液氮）压裂页岩储层的可行性研究也进行了初步的理论和实验探索[18]。

1.2.2 喷射压裂技术发展现状

"水平井+多段压裂"被认为是经济有效地动用页岩气资源的主要技术手段。在压裂领域，受当前的低油价环境影响，控制非生产时间、提高施工效益越来越受重视。目前，一方面高速压裂、控制流量射孔压裂等工艺方法虽然可以大幅减小非生产时间，但不能有效地压开所有产层[19]；另一方面，针对每一产层的特殊性，逐一进行压裂的措施会大幅增大非生产时间，原因是该方法需在射孔、定位喷嘴、携支撑剂上返过程中频繁地起下井下管具[20]。

自1998年开始，哈里伯顿将水力喷射压裂技术应用于生产实践，并取得良好的增产效果和经济效益[21,22]。喷射压裂技术利用连续油管定位喷嘴并输运含砂射孔液，基于流体动力学原理自行封隔目标层，一次起下管具即可完成多段压裂，因此可大幅减少非生产时间，并能提高施工的安全性和经济效益。相较于传统爆炸/射孔弹射孔，该技术的突出优势是不会在孔道周边形成密实带，进而不会对裂缝的起裂及延展造成不利影响[23]。此外，由于连续管的外径更小，可与更多种射孔/压裂工具配合使用来压开更深、更热的地层。压裂过程中，可利用连续管监测井下压力；压裂后，可利用连续管向环空注入清洗液，快速地将环空中滞留的支撑剂携带至地面[20]。使用连续管进行多段喷射压裂需要在井口安装回压调控装置，该装置可允许连续管在高压条件下移动。喷射压裂技术包括两种压裂液/支撑剂输运方案：（1）环空注入法。该方法主要适用于直井多段压裂，其优势是注砂量大，注砂速度快，可在一个白天时间压裂8个产层[24~27]；（2）

连续管注入法。环空注入法在水平井段或大斜度井段应用时，支撑剂易在低边沉降造成卡钻事故，加之连续管抗拉强度低，因而发展了连续管注入法。为避免连续管及射流喷嘴的过快磨损，连续管注入法的输砂量不宜过大和过快，新型的射流工具增强了抗磨损性能[22, 28]。

经过近 20 年的发展，水力喷射压裂技术已在北美、南美、中东、澳洲、俄罗斯以及中国的数以千计的油气井中得以成功应用[23, 29~31]。其中截至 2014 年 8 月，中国已在 8 个油田超过 300 口井中成功实施了喷射压裂作业[32]。施工层位绝大多数位于水平井段，采用了连续管注入支撑剂的方法。多相流体可用井内油管（8.89cm 或者 5.17cm）或者下入连续管（5.08cm）输送至井底。喷砂射孔阶段多使用 40~70 目陶瓷颗粒，管内流量可达 $2m^3/min$，固相体积浓度为 2%~7%。压裂填砂阶段，连续管内流量可达 $2.4m^3/min$，环空中需按 1~$1.4m^3/min$ 的速率注入压裂基液以补偿滤失；压裂砂直径为 20~40 目，最高浓度可达 40%，每个压裂层段可注入 10~$30m^3$ 陶瓷砂。通常，开槽尾管完井中补偿液注入速率要大于套管完井，因为滤失更为严重。目前，国内喷射压裂一次起下管具最多可压裂 3~5 个产层，主要是喷嘴寿命受限。上述成功案例及施工经验为超临界二氧化碳喷射压裂技术的发展及其在非常规油气资源开发中的应用提供了借鉴。

1.2.3　页岩气藏人工裂缝扩展理论简介

页岩气藏人工压裂以实现资源高效动用，提高最终采收率为目标。目前，调控人工裂缝的扩展形态及其波及面积，仍是提高页岩气藏的产气效率和总产量的主要技术手段。同时，人工裂缝的扩展理论是试井解释、生产模拟和压裂优化设计的基础，也是页岩气藏人工压裂技术的关键科学问题之一[9]。

人工水力裂缝的展布形态主要由压裂液流场能量分布及其流变性、原地应力、储层岩石力学性质和天然裂缝发育等因素控制[33]，涉及流体力学、岩石力学和断裂力学等多学科综合，包括储层岩石受力变形，窄缝内压裂液能量输运以及裂缝起裂扩展等物理过程。

描述岩石受力变形过程的理论模型经历了半个世纪的发展。从线弹性理论开始，经历了弹塑性理论阶段，目前多孔弹性理论得到了逐步的发展和应用。20世纪 60 年代，Perkins 等[34]将储层岩石假设为脆性、线弹性体，即利用线弹性理论预测水力作用下的裂缝宽度，研究发现：裂缝宽度主要由压裂液沿裂缝长度方向的流动压降决定，压裂液黏度越高，排量越大，则流动压降越大，最终得到较宽的裂缝。Geertsma 等[35]将储层岩石假设为均质、各向同性的线弹性体，预测一定压力作用下的裂缝宽度和长度。基于脆性/线弹性理论的假设而设计获得的钻井液密度往往高于实际所需，给井壁稳定和储层保护带来负面影响。因此，从20 世纪 90 年代开始，油气工程领域的科技工作者将弹塑性理论引入岩石受力变形的过程描述领域。Panos 等[36]基于弹塑性假设、摩尔库仑准则及 DP 准则，建立了岩石破坏预测模型，用以指导井壁稳定领域的钻井液优化设计。Bradford 等[37]建立了半解析的弹塑性模型，在考虑原地应力和孔隙压力的条件下，预测岩石损伤破坏。Aadnoy 等[38]基于岩石弹塑性变形理论，并充分考虑了泥饼的影响，建立了岩石破坏预测模型，并在斜井中井壁稳定和压裂实践中得以应用。随后，研究人员将多孔弹性理论引入岩石受力变形的过程描述中，以使数学模型更贴近实际情况并提高模型的精度。Rahman 等[39]建立了有限元模型，采用 Warpiniski & Teufel 相交准则，考察多孔弹性体内人工水力裂缝与天然裂缝相交后的扩展情况，并分析了孔隙压力变化对裂缝扩展方位的影响，其中人工水力裂缝与天然裂缝相交区域的应力求解采用了多孔弹性理论方法。结果发现：逼近角较小条件下，无论水平应力差的大小，水力裂缝与天然裂缝相交会使天然裂缝开启并扩展，即水力裂缝将不会贯穿天然裂缝；逼近角为 60°或稍大时，水力裂缝是否可以贯穿天然裂缝取决于水平应力差的大小，应力差较小时天然裂缝将开启，而当应力差大于 4MPa 时，水力裂缝将贯穿天然裂缝，因而天然裂缝不会张开；逼近角继续增大，则无论水平应力差的大小，诱导裂缝都将贯穿天然裂缝。孔隙压力的大小不会影响天然裂缝与水力裂缝的相互作用机制，但是会影响压裂液在裂缝内的压力/能量输运速率；孔隙压力较大时，贯穿天然裂缝所需的流体压力也随之增大。Charoenwongsa 等[40]通过耦合流动模型和岩石地质力学性质，建立了人工裂缝扩展预测模型。模型中将裂缝扩展过程视为应力波的传递，并考虑了流动传热的影响，分析了孔隙压力、岩石与流体间传热以及应力波传递对储层岩石骨架结构的影响，并以此确定水力压裂诱发的剪应力是否可以打开天然裂缝。

在模拟窄缝内压裂液流动规律方面，研究人员主要是采用 Carter 滤失理论和 Reynolds 润滑理论。当人工诱导裂缝与天然裂缝相交后，压裂液在储层中的滤失得以加强，进而影响窄缝内的压力分布和裂缝展布。Rahman 等[41]采用 Carter 滤失模型描述压裂液在两缝相交后的滤失情况，采用 Reynolds 润滑理论来模拟计算窄缝内的压力分布，在此基础上考察天然裂缝存在对人工水力裂缝扩展的影响。上述模型中，多孔弹性模型描述岩石的受力变形，并基于 KGD 模型模拟分析了泵送时间对裂缝长度和宽度的影响。

在模拟分析水力裂缝起裂及扩展方面，具有代表性的是线弹性断裂力学理论和内聚区模型。由于页岩压裂裂缝多呈现出复杂裂隙网络的形态，因此传统的平面缝模型难以准确地预测页岩压裂裂缝的形态。Xu 等[42]、Weng 等[43]先后基于网络裂缝模型和基岩线弹性断裂力学理论，模拟分析了压裂诱导裂缝与天然裂缝相交后的起裂扩展情况。其中，耦合计算了多条裂缝的起裂以及裂缝内部的多相流动规律。结果发现：应力各向异性、天然裂缝发育以及界面间的摩阻可显著影响缝网系统的复杂程度。Chen 等[44]，Carrier 等[45]先后基于内聚区理论建立有限元模型模拟裂缝在多孔弹性体内的扩展。模型中，采用了润滑理论来模拟压裂液在窄缝内的流动，采用 Carter 模型模拟压裂液渗流，并将流动模型和裂缝扩展的力学模型进行耦合计算。模拟结果揭示了岩体渗透率、压裂液黏度等因素在不同区域对压力剖面的影响，并建议在裂缝尖端加密网格以使求解收敛并获得较高的计算精度。

在复杂裂缝的模拟表征方面，先后发展了线性网络模型、非常规裂缝网络模型、有限元裂缝网络模型和离散元裂缝网络模型。Xu 等[42]提出以线性网络模型表示页岩气藏压裂产生的复杂裂缝，其中将裂缝网络假设为沿水平井筒对称的椭球体，并以均匀分布的垂向和横向截面来分割椭球体。采用半解析方法求解模型，模拟分析了岩体中裂缝实时扩展，考察了施工参数对压裂效果的影响规律，并分析了支撑剂在缝网中的运移情况。该模型的主要局限性在于：假设的裂缝形态过于理想，与实际裂缝形态有较大差距；未能给出人工诱导裂缝与天然裂缝相交后的扩展规则[46]。Weng 等[43]在考虑不规则裂缝形态的基础上，提出了非常规裂缝网络模型，通过数值求解，模拟分析了人工诱导裂缝与天然裂缝的相互作用，耦合计算了支撑剂、压裂液输运及岩石力学响应，并可通过微地震检测来修正模型。其主要局限性在于模型的计算精度较高，低依赖于边界参数的输入。有限元模型具体包括边界单元法[47]和扩展有限元[9, 48]两种实施方法。有限元模型在求解人工诱导裂缝与天然裂缝扩展时，耦合计算了窄缝内压裂液能量输运及岩石力学响应，并可预测裂缝的长度和宽度。有限元模型的主要优势在于不需要对裂缝周围的网格进行加密，裂缝扩展后不需要重构网格，因而可大幅减少求解时间。研究发现：天然裂缝的存在会增大压裂裂缝的复杂程度；并给出了人工诱导裂缝与天然裂缝相交后的扩展准则及影响因素；人工诱导裂缝转向后裂缝变窄，容易导致砂堵。Pater 等[49]将岩石骨架颗粒间的接触以线弹簧模型来表征，使用离散元模型耦合求解窄缝内流体流动和岩石力学响应，结合试验验证，研究发现：降低压裂液黏度或者提高压裂液泵入速率有利于在岩体内诱导产生新缝系，低泵速则更容易打开天然裂缝。

裂缝扩展理论研究以指导工程应用为目的，在现场资料实时支撑条件下，考虑天然裂缝对人工诱导裂缝的干扰，进一步优化裂缝扩展模型及求解策略，建立微观损伤机制与宏观断裂扩展的联系，仍将是该领域的研究重点。

1.2.4　超临界二氧化碳钻完井理论与技术研究进展

当温度高于 31.1℃、压力高于 7.38MPa 时，二氧化碳将进入超临界态。超临界二氧化碳的黏度接近于气体，密度接近于液体，具有较强的溶解能力和传热传质性能。油气井内的温度和压力条件极易使二氧化碳进入超临界态，而且二氧化碳发生相变时，不产生明显的相界面和相间效应，因而国内外都在积极尝试将超临界二氧化碳作为钻完井循环流体来使用，以期更加经济高效地动用井下油气资源。

压裂工程领域率先验证了将二氧化碳应用于油气田开发的可行性。将二氧化碳加入水基/油基压裂液来改善压裂增产效果最早见于 20 世纪 60 年代初，到 20 世纪 80 年代初，纯二氧化碳开始作为压裂液基液使用。北美的一些压裂服务公司在地面将支撑剂混入液态二氧化碳，之后注入井下以压开油气储层[50]。在 40 余口井的应用实例中：支撑剂用量为 5.6~54.4t（0.27~0.55mm 砂或 0.25~0.38mm 砂）；液态二氧化碳用量为 87000~337000L（1.5MPa，−34.4℃ 条件下）；混砂液中固相浓度受井深影响，介于 0.3（5000m 井深）~0.48kg/L（760m 井深）。压裂后，85% 的井取得了更好的经济效益，平均增产 2.5 倍。实践验证的技术优势主要有：压裂后二氧化碳上返快，节省作业时间；二氧化碳压裂液对储层无伤害，有利于提高油气产量和采收率。

以二氧化碳驱提高原油采收率出现于二十世纪七八十年代[51, 52]，Lim 等[53] 以水平井为注入井，开展了二氧化碳驱的模拟研究。在其三维模拟模型中，考虑了二氧化碳在井内流动时物理性质和相态变化的影响，证实了在水平井内注二氧化碳可更显著地提高采收率，此外水平井内注二氧化碳有利于减少非生产时间。二氧化碳驱主要利用其对储层无伤害、对原油溶剂化能力强的优势。二氧化碳与原油尤其是重质油相溶后，可显著地降低原油的流动阻力，进而有利于提高产量和最终采收率。

鉴于二氧化碳在储层保护、提高采收率方面的优势，Kolle[54] 提出以二氧化碳为循环介质钻进超短半径径向水平井，并从实施方案、配套钻具组合、工艺参数、破岩机理、携岩上返、钻具防腐、气源供应、成本控制等方面论证了该技术的优势和可行性。研究认为：通过调控井口回压可以实现井下欠平衡钻井；可以大幅缩短超短半径水平井的钻进时间。该技术的另一突出优势是：二氧化碳射流大幅降低了岩石破碎的门限压力，提高了破岩效率（3.3 倍）和能量利用率。

21 世纪初，温室效应及全球变暖引发全球关注，在此背景下，国内外石油行业开始研究论证二氧化碳地质埋存的可行性[55~57]，并认为：油气藏、深部盐水层和废弃煤床是二氧化碳地质埋存的潜在储层；埋存成本约为 20 美元/t（不含二氧化碳捕集成本）。在油气藏中埋存二氧化碳的一个附加优势是：盖层发育良好，可在埋存的同时提高油气采收率，这一优势在非常规油气藏中更为显著[58]。由于大规模二氧化碳地质埋存会导致井下岩石应力状态的改变，进而诱发裂缝甚至微地震，最终导致二氧化碳渗漏而影响埋存效果。因此，国内外广泛地采用试验方法模拟研究了储层条件下二氧化碳浸泡对不同岩石力学性质的影响[59, 60]，并发现二氧化碳浸泡会使岩石的抗拉强度和抗压强度下降。

鉴于二氧化碳在油气开发领域的独特优势，中国石油大学沈忠厚院士等[61]

提出了超临界二氧化碳钻完井技术，以期促进非常规油气资源的高效开发，进而引领了国内相关领域的研究热潮。

王在明[62]采用数值模拟计算与室内实验相结合的方法研究了连续管钻井时超临界二氧化碳钻井液的流动特性。基于 P-R 方程[63]等状态方程，研究了井筒内二氧化碳流动时的温度场和压力场分布；研制了超临界二氧化碳钻井液循环模拟装置，揭示了井斜角、排量、流体温度和压力等工程因素对携岩效果的影响规律，并探讨了热力/动力抑制剂对溶解二氧化碳水合物的作用机理和规律。研究发现：井斜角为 54°~72° 时携岩最为困难；动力学抑制剂可较快地促进二氧化碳水合物溶解。

王海柱等[64]、霍洪俊等[65]、宋维强等[66]先后采用数值模拟的方法，考察了水平井段内超临界二氧化碳的携岩能力。分析了排量、环空偏心度、流体温度/压力等工程因素对携岩效果的影响规律，研究发现：偏心度为 0.8 时携岩最为困难；增大排量或降低机械钻速有利于改善携岩效果；建议研发二氧化碳增黏剂以改善其携岩效果。

岳伟民等[67]结合钻完井工况和超临界流体特性，研制了国内首套超临界二氧化碳钻完井模拟实验系统。黄志远等[68]模拟分析了超临界二氧化碳射流在井筒中的流场特性。杜玉昆等[6, 69, 70]考察了超临界二氧化碳射流对岩石强度的影响，设计并开展了超临界二氧化碳直射流和旋转射流破岩实验，阐明了其破岩机理。研究发现：井筒内二氧化碳的密度和黏度随井深增大而减小，井底处二氧化碳的密度仍足以驱动井下钻具破岩；超临界二氧化碳射流及浸泡作用下，岩石强度降低 32.2%（水泥石），渗透率增大 9.96%（射流 10s，致密砂岩）；超临界二氧化碳射流破岩深度是水射流的 1.65~7.85 倍，岩石呈体积破碎形态。

王瑞和等[71]通过分析二氧化碳井筒流动涉及的传热过程，优选以高精度的 Span-Wagner 模型[72]计算二氧化碳密度和热容，以 Vesovic 模型[73]计算黏度和热导率，建立了井筒内二氧化碳流动时压力和热量传递的耦合计算模型，并考虑了井底喷嘴处的焦耳汤姆逊效应，考察了流场内温度、压力和流体相态的分布规律。研究发现，井深 450m 左右为超临界态和液态的转换位置，并将研究结果与路易斯安那州立大学的研究成果[5]进行了对比验证，井筒压力剖面和物性参数剖面的变化规律相一致。

程宇雄等[74, 75]将喷射压裂孔内增压工程原型简化为二维模型，采用数值模拟的方法考察了喷嘴压降、环空压力等因素对增压效果的影响规律，分析了孔道内流场特性，研究证实：超临界二氧化碳射流增压效果优于水射流；增大喷嘴压降或者喷嘴直径有利于改善增压效果。

孙宝江等[76]研制了模拟实验装置用以评价页岩中二氧化碳的吸附解吸性能。

通过考察温度和压力条件对试验结果的影响规律，发现页岩内二氧化碳的等温吸附曲线与Ⅰ型等温曲线较为相符，适合以Langmuir模型对吸附解吸数据进行拟合。增大环境压力或者降低温度有利于增大二氧化碳在页岩中的吸附量；页岩中有机质含量越高，石英含量越低，则越有利于增大二氧化碳吸附量。

王志远等[77]通过室内实验测量了超临界二氧化碳在油管内流动时的流阻系数。基于经典流体力学理论，采用拟合方法，在温度30~150℃、压力3.5~40MPa、雷诺数200~2.0×10^6的范围内，对应管道粗糙度（ε/d）0.005、0.015和0.025建立了流阻系数计算公式。

$$\begin{cases} \lambda = \dfrac{64}{Re} \\[2mm] \lambda = 0.06539 \times \exp\left(-\left(\dfrac{Re-3516}{1248}\right)^2\right) \\[2mm] \dfrac{1}{\sqrt{\lambda}} = -2.34 \times \lg\left(\dfrac{\varepsilon}{1.72d} - \dfrac{9.26}{Re} \times \lg\left(\left(\dfrac{\varepsilon}{29.36d}\right)^{0.95} + \left(\dfrac{18.35}{Re}\right)^{1.108}\right)\right) \end{cases} \quad (1-1)$$

式中，ε为绝对粗糙度，m；d为管路直径，m。

研究发现：流阻系数可以用雷诺数的函数来表征；随雷诺数增大，二氧化碳在油管内的流动可划分为层流模型、过渡区流动模型和湍流模型来分别计算表征；在层流范围内，流阻系数随雷诺数增大而减小；雷诺数为2300时，流动由层流进入过渡流型，流阻系数随雷诺数增大而增大；当雷诺数大于3400时，进入湍流区，流阻系数随雷诺数增大而减小，最后流阻系数变化微小（图1-1）。研究结果为现场应用提供了便利。

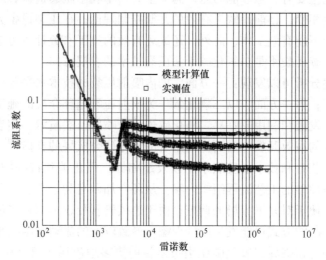

图1-1　流阻系数随雷诺数的变化趋势（实验数据及拟合曲线）

侯磊等[78]在透明实验装置内，利用高速摄影仪记录砂砾（直径 0.211～0.85mm）在超临界二氧化碳中的沉降过程。在温度为 31.5～41.0℃，压力为 7.37～13.50MPa 范围内，利用无因次分析和拟合的方法修正了砂砾雷诺数和阿基米德数间的幂律函数关系，并在考虑流体黏度的基础上，建立了砂砾沉降终速的显式计算方法，为工程应用提供了便利。该方法的使用范围是雷诺数介于 1000～5000。

近年来，重庆大学、武汉大学、西南石油大学以及部分油田公司科研院所，也都在积极推动超临界二氧化碳强化页岩气高效开发的基础研究。

国内在二氧化碳钻完井技术现场应用方面，先后出现了二氧化碳驱提高采收率技术、二氧化碳泡沫压裂技术和干法压裂技术，而在钻井、埋存方面尚未见报道。中石油勘探院廊坊分院研究了二氧化碳泡沫压裂技术[79]，以期改善低渗、低压气藏压裂液上返效果。采用室内实验测试分析的方法，考察了二氧化碳泡沫压裂液在井筒中的流变性，在此基础上开展了现场试验应用，结果证实二氧化碳泡沫压裂液能够自喷，实现快速上返，并能减少水基压裂液对储层的伤害，取得了更好的压裂效果。在 19 口应用井中，平均单井加砂量 27.44m³，最大加砂 40m³；平均施工排量 3m³/min，最大可达 4m³/min；泡沫体积分数 0.373～0.587，平均砂比 24.1%。压裂后 14 口井达到工业气流。但相较于常规水力压裂，二氧化碳泡沫压裂每口井要增加 30 万～40 万元成本，后续未能见到更多有关该技术推广应用的报道。刘合等[16]总结了国内外二氧化碳干法压裂技术的应用现状，认为该技术的主要优势在于：上返效率高，不伤害储层，增产效果好。现场应用中反馈的问题主要有：悬砂能力差，滤失量大，不利于压裂造缝；二氧化碳井筒流动中会发生相变，目前尚缺乏有效的井筒控制理论；在压裂设备方面，主要是密闭混砂车尚不能有效工作；此外，还缺乏有效的施工参数计算方法。文中指出超临界二氧化碳压裂将是二氧化碳干法压裂技术的发展方向。

综合上述分析可以发现：一方面，国内喷射压裂的技术水平与国际先进水平还有较大差距；另一方面，以二氧化碳作为喷射压裂循环介质的施工案例尚未见报道。因此，发展和利用超临界二氧化碳连续管喷射压裂技术，实现页岩气等非常规油气资源的高效开发，需要深入系统的理论研究成果的支撑[80]。

结合现有装备和技术的发展水平以及超临界二氧化碳独特的物理化学性质，作者按照环空加砂的工艺流程组织内容。从环空加砂有利于减弱砂砾存在对管内流场的影响，便于对井下流场的调控；由于连续管管径较小而且二氧化碳密度较低，从管内加砂的方式可能发生脱砂现象，导致较大的流动摩阻甚至危害管柱的安全使用。同时超临界二氧化碳压裂技术目前更多地应用于直井中的多段压裂，环空加砂具有注砂量大，注砂速度快的优势，而且有利于降低管内的入口压力和地面泵压，进而提高了作业的安全性，因此环空加砂的方式具有现实依据。超临界二氧化碳喷射压裂技术的主要工艺流程为：（1）下入连续管至设计深度，误差不大于 0.5 m；（2）低速注入前置液，清洗井眼；（3）从连续管注入液态二氧化碳，环空出口通过回压阀设置一定回压，并注入少量砂砾，进行喷砂射孔压裂；（4）继续向连续管注入液态二氧化碳，同时从环空注入携砂压裂液，并逐渐提高支撑剂浓度，此时仍需通过调控回压实现对井下环空压力的控制，既要控制裂缝的发展，又要避免超过限定值而压开其他层位；（5）停泵直至裂缝闭合，环空中压力稳定后为止；（6）控制环空压力不超过地层破裂压力和井口装置的限定值，移动井下装置，压裂下一层位；（7）完成多段压裂后，继续从连续管注入二氧化碳，携带环空底部滞留的固相颗粒上返至地面。

综上可知，超临界二氧化碳喷射压裂页岩储层涉及传热学、流体力学、岩石力学、断裂力学等多学科交叉[46]，按照工艺流程中的流体能量输运方向，依次包括二氧化碳井筒流动及控制（从地面到井底），射流孔内增压（从井底到地层），页岩力学性质变化及裂缝的起裂和扩展（页岩对流体能量的力学响应），二氧化碳环空携砂上返流动（从井底返至地面）等具体科学问题，如图 1-2 所示。目前，针对二氧化碳井筒流动的研究成果为本书提供了有益借鉴，针对超临界二氧化碳单相射流在二维孔内的增压机理研究证实了该技术的可行性与优势，针对水力裂缝扩展规律的研究也已广泛开展；但是相关研究尚不系统，而且现有模型为了便于求解进行了较多假设，与实际工况尚有较大差距。实际技术的发展和高效应用需要通过控制井下压力剖面以规避井下复杂工况，进而实现定点、定向压裂的目标，而针对二氧化碳喷射压裂过程中环空压力剖面调控方法的研究尚

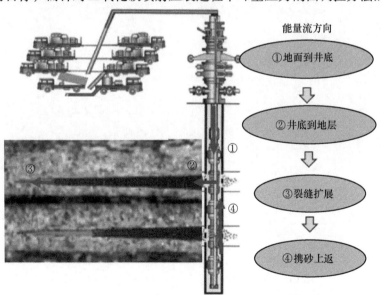

图 1-2 喷射压裂工艺流程及关键科学问题

未见报道，也缺乏对超临界二氧化碳压裂造缝能力的评价研究及影响因素分析；此外，针对压裂后二氧化碳环空携砂上返流动的研究之前也未见报道。整体上，相关领域的理论研究成果尚滞后于实际技术的发展需求。

为此，本书系统总结了在室内实验和数值计算方面，针对超临界二氧化碳喷射压裂过程中的流动与控制问题的最新研究成果。首先介绍了二氧化碳井筒传热、流动耦合规律，揭示流体能量从地面到井下的输运过程及影响因素，进而建立环空压力调控模型，为定点、定向改造储层提供方法；其次介绍了超临界二氧化碳含砂射流孔内增压机理，阐明流体能量从井下进入地层过程中的能量转化机制及影响因素；继而基于超临界二氧化碳浸泡作用影响页岩力学性质的实验测试，介绍了超临界二氧化碳压裂的造缝能力，并给出优化储层改造的关键措施，为调控环空压力剖面提供依据；进而，本书还结合工程需求，介绍了二氧化碳环空携砂上返流动规律，揭示粒径分布沿井筒的变化规律及其对砂砾沉集成床的影响，进而给出优化清砂效果的建议；最后，本书介绍了超临界二氧化碳射流影响岩样渗透率的实验结果。本书可望促进超临界二氧化碳钻完井理论与技术的发展，为非常规油气资源的高效开发提供了一种新思路。

2 超临界二氧化碳井筒流动与控制

超临界二氧化碳在井筒内的流动及控制问题是发展超临界二氧化碳喷射压裂技术所面临的基础问题。流场分布规律及其作用下井壁围岩的物理力学响应是进一步优化水力参数设计，提高超临界二氧化碳钻完井效率，规避井下复杂的主要依据。问题的难点和关键点在于二氧化碳的可压缩性，目前国内外尚未实现对二氧化碳井筒流场的定量调控，制约了实际技术的发展和应用。基于超临界二氧化碳喷射压裂的实际工况，本章将立足于揭示二氧化碳井筒流动流场分布规律及其主控因素，并将进一步提出环空压力调控方法，以期为实现定点、定向改造储层的工程目标奠定理论基础。

2.1 超临界二氧化碳井筒流动与传热耦合计算模型

二氧化碳的物理性质（主要是密度、黏度、热容、热导率）随流场温度和压力的变化而显著变化，进而影响井筒内压力输运和热量传导，即二氧化碳物理性质与流场温度和压力呈耦合关系[71]。目前，国内外学者[5,6,62,71,81]主要采用模拟计算的方法，来探索二氧化碳井筒稳态流动时的压力和温度分布变化规律，但尚未揭示井下压力剖面和温度剖面的形成机制，而且针对工况因素对流场分布的影响规律分析也不全面，这滞后于井筒流动控制理论与方法的发展需求。此外，现有模型进行了较多的假设以使其在数学上可解，这同时也使数学模型与实际工况相偏离，降低了计算结果的准确度。为此，本节结合工程实际，进一步发展完善了超临界二氧化碳井筒流动与传热的耦合计算模型。

2.1.1 二氧化碳井筒流动换热基本假设

二氧化碳井筒流动换热基本假设如下：

（1）实际工况条件下，地层温度与井深相关。本书中将地层温度假设为与垂深呈线性正相关关系，实际应用时，可根据油气田的地温资料设置地层温度的赋值方程，将有利于提高本章所建立模型的计算精度。

（2）基于实际工艺[82,83]，参照文献[5,71,81]中的研究方法，本书在环空流场计算中忽略了固相的影响以提高计算效率。

（3）本书忽略了地层流体侵入环空对流场计算的影响。

（4）假设远离井筒处储层岩石的温度在传热过程中保持不变（本书将距井眼轴线 5m 处的岩石设为恒温层），这一假设的物理意义是，恒温层岩石向井壁围岩的传热量等于其对更远地层的吸热量。

2.1.2 二氧化碳井筒流动换热几何模型

为研究简便，可认为以连续管输送二氧化碳，实际上这也是解决气密性问题的有效方法。超临界二氧化碳喷砂射孔及压裂地层过程中，从井口注入的低温液态二氧化碳，在沿连续管流向井底的同时，会因从环空吸热而升温，并且静液压力也随垂深的增大而增大；二氧化碳的迁移特性（密度、黏度）和热物理性质（热容、热导率）随温度和压力的变化而显著变化，进而在一定程度上影响连续管内增压和吸热速率[71]。当温度超过 31.04℃ 并且压力大于 7.38MPa 时，二氧化碳将由液态转入超临界态，相态的变化表现为物理性质的突变。环空中二氧化碳物理性质与流场温度和压力的耦合关系与连续管中相似，不同之处在于，环空中的二氧化碳不仅与连续管内的二氧化碳存在热交换，还将直接与井壁围岩（或套管壁）发生对流传热。井壁围岩（或套管壁）会因温变而与远离井筒的储层岩石发生热交换。井口安装有回压调控装置，通过施加环空回压调控井下压力剖面。二氧化碳井筒流动示意图如图 2-1 所示。图中，储层恒温层岩石与井

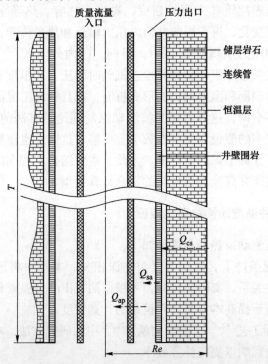

图 2-1   二氧化碳井筒流动示意图

壁围岩（或套管）传热记为 Q_{cs}，J；井壁围岩与环空中二氧化碳间的传热记为 Q_{sa}，J；环空中二氧化碳通过连续管壁与管内二氧化碳间的传热记为 Q_{ap}，J。

2.1.3 二氧化碳井筒流动换热控制方程

有限体积法是计算流体力学领域"经典"或者说"标准"的方法[84]。其主要思想是将计算区域划分为一系列不重复的控制体积，在每一控制体积内认为流体的物理性质和温度、压力等流场参数是恒定的，进而将待解的微分方程对每一个控制体积进行积分，以得出离散方程组。其中未知数是网格节点上的因变量数值。有限体积法的主要优势在于：其基本思路具有实际物理意义进而易于理解；即使在网格较粗的情况下，也能得到准确的积分守恒。欧拉方法是有限体积法中的一种，适用于描述可压缩流体的流动与传热过程。流场达到稳定状态后，各变量不再随时间变化，欧拉方法的控制方程组包括以下方程。

2.1.3.1 连续性方程

适用于二氧化碳井筒流动（可压缩流/变密度流）的连续性方程可表示为

$$\mathrm{div}(\rho\boldsymbol{v}) = 0 \tag{2-1}$$

式中，ρ 为流体密度，kg/m^3；$\boldsymbol{v}$ 为速度向量，m/s。

2.1.3.2 动量方程

可压缩流动的动量方程可由式（2-2）表示：

$$\mathrm{div}(\rho v_i\boldsymbol{v}) - \rho g_i - \mathrm{div}P = 0 \tag{2-2}$$

式中，g_i 为重力加速度在 i 轴（$i=x$，y，z）上的分量，m/s^2；v_i 为 i 轴上的速度分量，m/s；P 为压力，Pa。

2.1.3.3 能量方程

稳态可压缩流动的能量方程可表示为

$$\sum_{i=1}^{3} \frac{\partial(\rho v_i h)}{\partial x_i} - \mathrm{div}(k\mathrm{grad}T) - S_h = 0 \tag{2-3}$$

式中，T 为流体温度，K；k 为热导率，$W/(m \cdot K)$；S_h 为单元内的生热速率，此例中 $S_h = 0$；h 为比焓，$h = c_p T$，c_p 为定压热容；x_i 为坐标轴；grad 为梯度函数；div 为散度函数。

上述方程组中包含压力、温度、热容、密度等因变量，此外长井段流动中流体黏度不可忽略，因此因变量数量超过方程数量。为使方程组闭合可解，需在压力和温度的求解中引入流体状态方程和湍流方程。

标准的 k-ε 模型[85]具有经济且合理的精度，并适用于变密度流的湍流计算。

$$\begin{cases} \dfrac{\partial}{\partial x_j}\left(\rho u_j \dfrac{\partial k}{\partial x_j} - (\mu + \mu_\tau)\dfrac{\partial k}{\partial x_j}\right) = \tau_{tij}S_{ij} - \rho\varepsilon + Q_k \\[2mm] \dfrac{\partial}{\partial x_j}\left(\rho u_j\varepsilon - \left(\mu + \dfrac{\mu_\tau}{1.3}\right)\dfrac{\partial\varepsilon}{\partial x_j}\right) = 1.45\dfrac{\varepsilon}{k}\tau_{tij}S_{ij} - 1.92f_2\rho\dfrac{\varepsilon^2}{k} + Q_\varepsilon \end{cases} \tag{2-4}$$

其中，涡黏度 μ_τ 及其影响的计算式为

$$\begin{cases} \tau_{tij} = 2\mu_\tau(S_{ij} - S_{nn}\delta_{ij}/3) - 2\rho k\delta_{ij}/3 \\[2mm] \mu_\tau = 0.09f_u\rho k^2/\varepsilon \end{cases} \tag{2-5}$$

近壁衰减函数的计算式为

$$\begin{cases} f_u = e^{(-3.4/(1+0.02Re_t)^2)} \\[2mm] f_2 = 1 - 0.3e^{(-Re_t^2)} \\[2mm] Re_t = \dfrac{\rho k^2}{\mu\varepsilon} \end{cases} \tag{2-6}$$

壁面相的计算式为

$$\begin{cases} Q_k = 2\mu\left(\dfrac{\partial\sqrt{k}}{\partial y}\right)^2 \\[2mm] Q_\varepsilon = 2\mu\dfrac{\mu_\tau}{\rho}\left(\dfrac{\partial^2\mu_\varepsilon}{\partial y^2}\right)^2 \end{cases} \tag{2-7}$$

式中，S_{ij} 为无因次平均流速应变率张量；δ_{ij} 为 Kronecker 函数（克罗内克函数）。

为求解变密度流问题，需在状态方程中给定流体密度与流场温度和压力的函数关系。如前所述，在二氧化碳井筒流动过程中，其黏度、热容和热导率如同密度一样皆与流场温度和压力呈耦合关系，因此状态方程（组）需给定全部的物性参数计算方法。图 2-2 为二氧化碳的相态图，反映了流场压力、温度的变化对二氧化碳相态的影响，而相态的变化体现为物理性质的变化。

2.1.3.4 密度方程

在二氧化碳井筒流动流场计算中，国内外学者主要采用 Peng-Robinson 模型和 Span-Wagner 模型计算二氧化碳密度。式（2-8）为 Peng 和 Robinson[63] 于 1976 年提出的计算模型（简称 P-R 方程）：

$$P = \frac{RT}{V-b} - \frac{a(T)}{V(V+b) + b(V-b)} \tag{2-8}$$

式中，P 为压力，Pa；R 为二氧化碳气体常数，$R = 0.1889\text{kJ/(kg·K)}$；$T$ 为温度，K；$a(T) = 0.457235\dfrac{R^2T_c^2}{P_c}\cdot\alpha(T_i)$；$b = 0.077796\dfrac{RT_c}{P_c}$；$\sqrt{\alpha(T_i)} = 1 + k\cdot(1-$

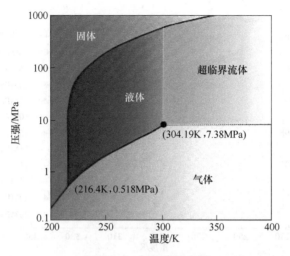

图 2-2　二氧化碳相态图

$T_i^{0.5}$); $k = 0.37464 + 1.54226m - 0.26992m^2$; T_c 为二氧化碳相变临界温度, $T_c =$ 304.19K; P_c 为二氧化碳相变临界压力, $P_c = 7.38MPa$。

Peng 和 Robinson 在其模型中详述了式(2-8)的求解过程，在此不做赘述。通过式(2-8)得到单位摩尔量的体积后，即可转换得到二氧化碳在不同温度和压力条件下的密度。式 P-R 方程的主要优势在于求解简便，其在温度为 273~423K，压力为标准大气压~30MPa 范围内具有较好的计算精度。在超临界二氧化碳钻完井工况条件下，地面储罐中二氧化碳的温度通常为 253~263K，因此 P-R 方程在计算浅层井段二氧化碳密度时有一定的局限性。

Span 和 Wagner[72] 基于实测数据，于 1996 年拟合出一种隐式的状态方程(S-W 方程)，极大地增大了求解范围(温度最高可达 1100K，压力最高可达 800MPa)。S-W 状态方程以赫姆霍兹自由能的形式给出了二氧化碳密度、比热容(定压比热和定容比热)的计算方法。

$$P(\delta, \tau) = \rho RT(1 + \delta \Phi_\delta^r) \tag{2-9}$$

式中，δ 为无因次残余密度，$\delta = \rho / \rho_c$; Φ_δ^r 为赫姆霍兹自由能函数 $\Phi(\delta, \tau)$ 对 δ 的偏导，无因次; ρ_c 为临界密度。

美国国家标准数据库(NIST)包含不同温度和压力条件下二氧化碳的密度值，以此为据，在钻完井工况条件所涉及的温度和压力范围内，考察了 P-R 方程和 S-W 方程的计算精度(图 2-3)。

由图 2-3 可以看出，S-W 方程的计算值与 NIST 数据库中的数据基本重合; P-R 方程的计算值在低温区域和临界区域与 NIST 数值有较大差别。在数值上，S-W 方程的误差为 0%~0.004%，P-R 方程的误差为 0%~7.12%，因此本书选用 S-W 方程计算二氧化碳在不同温度压力条件下的密度。

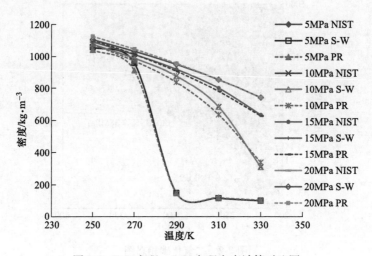

图 2-3　P-R 方程、S-W 方程密度计算对比图

2.1.3.5　黏度方程

二氧化碳的黏度主要影响井筒流动压耗及其携砂流动能力。通过分析实验数据，Vesovic 和 Wakeham[73]于 1990 年拟合得到了二氧化碳的黏度计算公式（简称 V-W 方程）。在 V-W 方程的基础上，1997 年 Fenghour 和 Wakeham[86]考虑温度对余量黏度的影响，结合更加翔实的实验数据，得到了精度更高的黏度计算方程（简称 F-W 方程）。目前，NIST 数据库引用 F-W 方程计算二氧化碳黏度。V-W 方程和 F-W 方程皆以式（2-10）的形式给出。

$$\eta(T,\rho) = \eta_0 + \Delta\eta(T,\rho) + \Delta\eta_c(T,\rho) \tag{2-10}$$

式中，η_0 为零密度黏度，Pa·s；$\Delta\eta$ 为余量黏度，Pa·s；$\Delta\eta_c$ 为奇异黏度，Pa·s。

F-W 方程中零密度黏度的计算式为

$$\eta_0(T) = \frac{1.00697 T^{1/2}}{G_\eta^*(T^*)} \tag{2-11}$$

其中

$$\begin{cases} \ln G_\eta^*(T^*) = \sum_{i=0}^{4} (a_i \ln T^*)^i \\ T^* = kT/\varepsilon, \varepsilon/k = 251.196K \end{cases} \tag{2-12}$$

余量黏度考虑了温度的影响，其计算式为

$$\Delta\eta(\rho,T) = d_{11}\rho + d_{21}\rho^2 + \frac{d_{64}\rho^6}{T^{*3}} + d_{81}\rho^8 + \frac{d_{82}\rho^8}{T^*} \tag{2-13}$$

式中，d_{11}，d_{21}，d_{64}，d_{81}，d_{82} 为拟合系数。

各拟合系数如表 2-1 所示。

表 2-1 二氧化碳余量黏度计算系数（F-W 方程）

系　数	值	系　数	值
a_0	0.235156	d_{11}	4.071119×10^{-3}
a_1	-0.491266	d_{21}	7.198037×10^{-5}
a_2	0.0521116	d_{64}	2.411697×10^{-17}
a_3	0.0534791	d_{81}	2.971072×10^{-23}
a_4	-0.015371	d_{82}	$-1.627888 \times 10^{-23}$

奇异黏度与总黏度的比值一般小于 0.01，可以忽略其影响以提高计算效率。

Vesovic 和 Wakeham 在其模型中详述了 V-W 方程的求解过程，在此不做赘述，仅在不同温度压力条件下对比两种方程的计算结果（图 2-4），说明 F-W 方程的优势。

由图 2-4 可以看出，V-W 方程和 F-W 方程的计算结果在高温低压条件下吻合较好；在超临界态范围内，V-W 方程的计算误差随压力增大而显著增大，随温度升高而迅速降低。随着温度的升高或者压力的增大，气态二氧化碳的黏度略有增大；超临界态二氧化碳的黏度随温度升高而显著降低，随压力增大而近似线性增大；二氧化碳由气态进入超临界态时，其黏度突然增大，但随着温度的增大，黏度突变的程度有所减缓。本书采用 F-W 方程计算不同温度压力条件下二氧化碳的黏度。

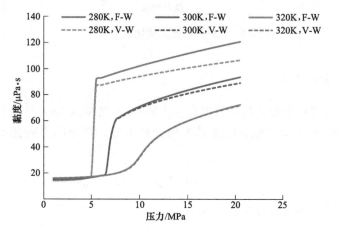

（扫描二维码
看彩图）

图 2-4 不同温度压力条件下 V-W 方程和 F-W 方程的计算结果

2.1.3.6 热容方程

热容反映传热过程中二氧化碳抵抗温变的能力，有定压热容和定容热容两种具体形式。二氧化碳井筒流动过程主要涉及定压热容,目前主要采用 Span 和 Wagner[72] 推导得到的显式方程计算定压热容。与密度方程类似,定压热容同样源自赫姆霍兹自由能方程:

$$\frac{M \cdot c_p}{R_m} = -\tau^2(\phi_{\tau\tau}^o - \phi_{\tau\tau}^r) + \frac{(1 + \delta\phi_\delta^r - \delta\tau\phi_{\delta\tau}^r)^2}{1 + 2\delta\phi_\delta^r + \delta^2\phi_{\delta\delta}^r} \tag{2-14}$$

式中,M 为二氧化碳摩尔质量,$M = 44 \times 10^{-3}$ kg/mol;c_p 为比热容,J/(kg·K);R_m 为二氧化碳摩尔气体常数,$R_m = 8.3145$J/(mol·K)。

图 2-5 为不同温度压力条件下的定压热容。由图 2-5 可以看出,定压热容在相态变化区域发生突变,当温度为 260K 和 290K 时,定压热容随压力变化甚微;当温度大于 320K 后,定压热容随压力的增大呈先增大后减小的趋势。

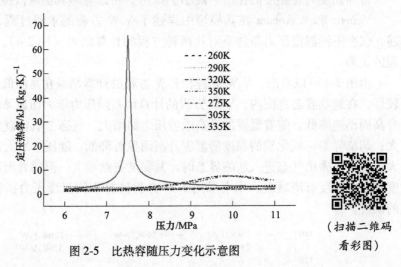

图 2-5 比热容随压力变化示意图

（扫描二维码看彩图）

2.1.3.7 热导率方程

热导率是温度场求解的基础数据之一,Vesovic 和 Wakeham[73] 建立的状态方程(V-W 方程)中包含二氧化碳热导率的计算方法,热导率方程在形式上与黏度方程相同。

$$\lambda(T,\rho) = \lambda_0 + \Delta\lambda(T,\rho) + \Delta\lambda_c(T,\rho) \tag{2-15}$$

V-W 方程中零密度热导率计算式为

$$\lambda_0(T) = \frac{0.475598T^{1/2}(1 + r^2)}{G_\lambda^*(T^*)} \tag{2-16}$$

其中

$$\begin{cases} G_\lambda^*(T^*) = \displaystyle\sum_{i=0}^{7} (b_i/T^*)^i \\ r = \left(\dfrac{2c_{\mathrm{int}}}{5k}\right)^{1/2} \\ \dfrac{c_{\mathrm{int}}}{k} = 1.0 + \exp(-183.5/T) \displaystyle\sum_{i=1}^{5} c_i (T/100)^{2-i} \end{cases} \quad (2\text{-}17)$$

余量热导率计算为

$$\Delta\lambda(\rho) = \sum_{i=1}^{4} d_i \rho^i \quad (2\text{-}18)$$

二氧化碳热导率计算系数见表 2-2。

表 2-2   二氧化碳热导率计算系数

i	a_i	b_i	c_i	d_i
0	0.235156	0.4226159	—	—
1	−0.491266	0.6280115	0.0238787	0.0244716
2	0.0521116	−0.538766	4.350749	8.705605E-05
3	0.0534791	0.6735941	−10.33404	−6.547950E-08
4	−0.015371	0	7.98159	6.594919E-11
5	—	0	−1.940558	—
6	—	−0.436268		
7	—	0.2255388	—	—

在不同温度压力条件下，由 V-W 方程计算得到二氧化碳热导率值如图 2-6 所示。

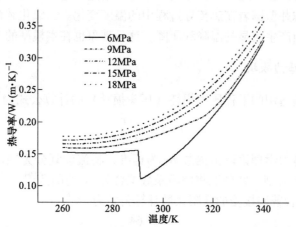

图 2-6   不同压力条件下二氧化碳热导率随温度变化示意图

由图 2-6 可以看出，二氧化碳热导率在相变区域发生突变，二氧化碳热导率随压力升高而增大；随温度升高总体呈增大趋势。

将基于状态方程编写的 UDF（user-defined-function）编译到主程序中，用以在井筒流动过程中计算二氧化碳的物性参数。

2.1.4　二氧化碳井筒流动换热求解方法

将模型离散化后，可认为任意网格内的温度和压力是恒定的，这样可以通过求解状态方程计算得到二氧化碳的物性参数，通过求解控制方程得到相邻网格的温度和压力，依次循环求解得到整个流场的温度、压力分布状态。

模型积分求解过程中，将其划分为两个相互耦合的模块：一是压力输运模块；二是热量传导模块。网格内压力的计算主要包括三部分：一是静液压力，其物理实质是二氧化碳密度沿垂深的积分，本书引用达西公式进行计算，在此不做详述；二是沿程压力损耗，相关理论模型已充分发展，问题的关键在于确定二氧化碳井筒流动时的摩阻系数，本书引入基于二氧化碳管流实验得到的摩阻系数计算压耗；三是湍流导致的能量损失，由于二氧化碳的黏度较低，湍流更为剧烈，造成的能量耗散不可忽略，前已述及，本书采用标准的 k-ε 模型计算湍流。实际传热过程可分为三部分：一是恒温层岩石与井壁围岩间的热传导；二是井壁围岩与环空内二氧化碳的对流传热；三是环空内二氧化碳与连续管内二氧化碳间的传热过程，其中涉及流体与管壁的对流传热以及管体内的导热。经典的井筒传热理论已充分发展[87]，准确的导热系数和对流传热系数是确保传热计算精度的关键。压力模块和传热模块通过影响二氧化碳的物理性质而耦合在一起，因此需要同时求解网格内的压力值和温度值。

结合实际工况设置模型的边界条件。其中，入口给定二氧化碳质量流量以及温度，出口给定回压，还将在模型初始过程中给定井壁岩石的温度剖面，并将在模型求解时考虑井壁围岩在热传导过程中的温度变化。二氧化碳流经井底喷嘴时会因节流效应而产生明显的温降和压降，这一现象也在本模型的考虑之内。

2.1.4.1　压力模块

目前，普遍适用的沿程压力损耗（压头损耗）的计算公式为[88,89]

$$h_f = \lambda \frac{l}{d} \frac{v^2}{2g} \tag{2-19}$$

经典的流体力学理论以雷诺数 Re 为标准，将流动划分为层流和湍流（包括过渡阶段）两种流型，并分别将摩阻系数拟合为 Re 的函数[90]。层流阶段（低雷诺数阶段），学者普遍接受的摩阻系数计算公式为

$$\lambda = \frac{64}{Re} \tag{2-20}$$

当雷诺数较高时，不同学者给出了形式各异的摩阻系数计算公式，很好地满足了不同条件下流动压耗的计算需求。但针对二氧化碳管流的实验研究还少开展，调研发现，仅有王志远等[77]在不同粗糙度条件下，通过室内实验测试了二氧化碳管流的流动压耗，并将摩阻系数拟合为雷诺数的函数，其形式如式（2-21）所示，本书据此计算二氧化碳井筒流动压耗。

$$
\begin{cases}
\lambda = \dfrac{64}{Re} & Re < 2300 \\[2mm]
\lambda = 0.06539 \times \exp\left(-\left(\dfrac{Re - 3516}{1248}\right)^2\right) & 2300 \leqslant Re \leqslant 3400 \\[2mm]
\dfrac{1}{\sqrt{\lambda}} = -2.34 \times \lg\left(\dfrac{\varepsilon}{1.72d} - \dfrac{9.26}{Re} \times \lg\left(\left(\dfrac{\varepsilon}{29.36d}\right)^{0.95} + \left(\dfrac{18.35}{Re}\right)^{1.108}\right)\right) & 3400 < Re < 2 \times 10^6
\end{cases}
$$

$$(2-21)$$

2.1.4.2 传热模块

由于模型中没有热源项，能量方程的积分形式可表示为

$$\Delta U + \Delta\left(\frac{mv^2}{2}\right) + \Delta(mgZ) = Q - V\Delta P \tag{2-22}$$

即总能变化等于吸热量与对外做功之差。其中，$\Delta P = P_2 - P_1$，为网格单元在流动方向上两端面间的压差。

伯努利方程：

$$mg\left(Z_1 + \frac{P_1}{\rho g} + \frac{v_1^2}{2g}\right) = mg\left(Z_2 + \frac{P_2}{\rho g} + \frac{v_2^2}{2g} + h_f\right) \tag{2-23}$$

与式（2-22）联立，可得

$$\Delta U = Q + mgh_f \tag{2-24}$$

即网格单位内流体内能的变化等于吸热量加上流动损失的能量。

将传热过程分解为以下三个阶段来分析和计算：一是储层恒温层岩石与井壁围岩（或套管）传热（记为 Q_{cs}）；二是井壁围岩与环空中二氧化碳间的传热（记为 Q_{sa}）；三是环空中二氧化碳通过连续管壁与管内二氧化碳间的传热（记为 Q_{ap}）；则有：

$$Q_{cs} = \frac{T_c - T_s}{\dfrac{1}{2\pi\lambda_r l}\ln\dfrac{r_c}{r_s}} \tag{2-25}$$

式中，T_c 为恒温层岩石温度，K；T_s 为井壁围岩温度，K；r_c 为恒温层半径，m；r_s 为井眼半径，m；l 为网格单元的长度，m；λ_r 为岩石导热系数，W/(m·K)。由于这一过程不涉及流体流动，并忽略储层岩石的温变导致的变形做功，则岩体

内传热的能量方程简化为

$$\Delta U = C_r m \Delta T = Q \tag{2-26}$$

式中，C_r 为岩石热容，J/(kg·K)；m 为质量流量，kg/s；因此 Q 的实际物理意义是传热速率，W。

为保证计算精度，恒温层岩石与井壁围岩之间又细分为多个等温层，其间的导热方程与式（2-25）形式相同。

环空及管内二氧化碳的温变需结合式（2-19）和式（2-24）进行计算，其中

$$Q_{sa} = \frac{T_s - T_a}{\dfrac{1}{2\pi \tilde{\bar{h}} r_s l}} \tag{2-27}$$

式中，T_a 为环空中二氧化碳温度，K；$\tilde{\bar{h}}$ 为井壁围岩与环空中二氧化碳的对流传热系数，W/(m²·K)。

$$Q_{ap} = \frac{T_a - T_p}{\dfrac{1}{2\pi \hat{h} r_i l} + \dfrac{1}{2\pi \lambda_t l} \ln \dfrac{r_o}{r_i} + \dfrac{1}{2\pi \hat{\bar{h}} r_o l}} \tag{2-28}$$

式中，T_p 为管内二氧化碳温度，K；$\hat{h}$ 为管内流体与连续管内壁间的对流传热系数，W/(m²·K)；$\hat{\bar{h}}$ 为环空流体与连续管外壁间的对流传热系数，W/(m²·K)；λ_t 为油管热导率，W/(m·K)；r_o 为油管外径，m；r_i 为油管内径，m。

对流传热系数是传热计算中的基础参数，其取值对传热计算的精度有重要影响。影响对流传热系数的因素主要包括流动参数和流体自身的热物理性质[91]，尤其是边界层的流态对对流传热系数影响很大。实验研究法是确定对流传热系数的可靠且普遍使用的方法，通过对边界层对流传热微分方程组进行无量纲化，得到相似特征数，并基于相似理论建立实验，求解并推导特征数间的函数关系以计算相似现象中的对流传热[92]。常物性流体纵掠平壁对流传热的特征数方程为[93]

$$Nu = f(Pr, Re) \tag{2-29}$$

式中，Nu 为无量纲努塞尔数；Pr 为无量纲普朗特数。

现有研究中主要采用上述方程计算二氧化碳与固体壁面间的对流传热系数，但以式（2-29）形式给出的计算方法仅适合在雷诺数不超过 10^4 条件下应用[94]，而二氧化碳井筒流动过程中雷诺数可高达 10^6，直接引用式（2-29）计算对流换热系数导致的误差不可预估。然而由于二氧化碳井筒流动条件下对流传热测定实验的复杂性以及相应研究成果的不足，迫使我们借鉴相关领域的研究成果。为研究二氧化碳作为制冷介质的可行性，大连理工大学丁信伟教授课题组开展了超

临界二氧化碳在密闭竖直细管内的传热实验研究[95]。在小直径冷却管强化对流传热条件下（管壁上施加固定功率的热源）测得对流传热系数为 800～6000 W/(m²·K)，其中最大值出现在相态转变区域；其他温度压力条件下，对流传热系数一般小于 2000W/(m²·K)；实验还发现，在流量一定条件下，管内对流传热系数仅在相态变化区域有较明显的变化。超临界二氧化碳钻完井条件下，连续管内二氧化碳流速更小，且地层的传热量也更小，因此对流传热系数也将更小。由于对流传热系数没有确切的计算方法或对应的实测值，只能在相关研究的基础上进行预估，本模型将井下对流传热系数设为定值，后续还将考察不同传热系数对应的流场分布状态，期待将来通过实际应用数据来校正传热模块。

2.1.4.3　喷嘴节流效应

井底油管内二氧化碳经压裂喷嘴进入环空，井底喷嘴处的节流效应不可忽略。喷嘴的压降公式可由式（2-30）计算：

$$m = AP_2 \sqrt{\frac{2k}{R_s T_1 (k-1)} \left[\left(\frac{P_2}{P_1}\right)^{\frac{2}{k}} - \left(\frac{P_2}{P_1}\right)^{\frac{k+1}{k}} \right]} \tag{2-30}$$

式中，A 为喷嘴节流面积，m^2；P_1、P_2 分别为喷嘴入口和出口压力，Pa，喷嘴压降可由 P_1-P_2 计算得到；T_1 是喷嘴入口处流体温度，K；k 为等熵系数，$k=1.28$；R_s 为比气体常数，$R_s = 0.1889 kJ/(kg·K)$。

二氧化碳流经喷嘴时，具有流速高、时间短的特点，可认为这一过程是绝热的等焓流动。节流温降的计算式为

$$\Delta T_j = -\int_{P_1}^{P_2} \mu_{JT} dP \tag{2-31}$$

其中焦耳汤姆逊系数的计算式为

$$\mu_{JT} = \frac{1}{c_p} \left[T \left(\frac{\partial V}{\partial T}\right)_P - V \right] \tag{2-32}$$

式中，下标 P 表示定压条件。

2.1.4.4　流场求解流程

本书沿流动方向进行流场求解，中心思想是修正入口压力以匹配环空回压，二氧化碳井筒流动与传热的耦合计算流程可由图 2-7 表示。

模型求解前，首先在边界条件中赋予地层岩石相关物理性质，以计算井壁围岩从恒温层岩石的吸热量；其次在流场初始化中，将入口处的温度、压力值赋予流场全部网格，这样可以通过状态方程计算二氧化碳的物性参数，进而计算流经网格时的压耗和吸热量。在第一次循环中，由于连续管内流体温度跟环空中流体温度相同（皆等于初始入口温度），因此连续管内流体不因吸热而增温，但会计

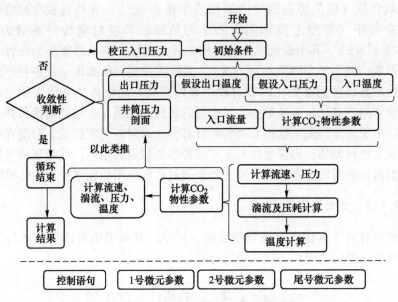

图 2-7　井筒流动模型求解流程图

算静液压力和压耗；环空中的流体因与井壁围岩热交换而将发生温变，返至井口后与预设的井口回压进行对比，并据此校正下次循环时的连续管入口压力。后续循环计算时，微元内的初始温度取上次循环的计算值；连续管入口压力的校正方法为

$$P_{\text{in}}^{(n+1)} = P_{\text{in}}^{(n)} + (P_{\text{out}} - P_{\text{out}}^{(n)}) \tag{2-33}$$

式中，$P_{\text{in}}^{(n)}$ 表示第 n 次循环时连续管入口压力的设定值，Pa；P_{out} 为边界条件中环空出口压力的设定值，Pa；$P_{\text{out}}^{(n)}$ 表示第 n 次循环时环空出口压力的计算值，Pa。

显然，本书是通过改变连续管入口压力以匹配环空出口压力来实现算例的收敛，流场温度会随着压力的改变而相应地发生变化，而且温度的计算受到传热过程的显著影响。

显然从第二次循环开始计算连续管内二氧化碳的吸热。循环计算的收敛条件可表示为

$$\begin{cases} \dfrac{P_{\text{i}}^{(n)} - P_{\text{i}}^{(n-1)}}{P_{\text{out}}} < \delta \\[3mm] \dfrac{T_{\text{i}}^{(n)} - T_{\text{i}}^{(n-1)}}{T_{\text{in}}} < \delta \end{cases} \tag{2-34}$$

式中，$P_{\text{i}}^{(n)}$、$T_{\text{i}}^{(n)}$ 分别为第 n 次循环时第 i 节点压力和温度的计算值；δ 为收敛判据。

当满足收敛条件后，可以得到连续管和环空中的压力剖面、温度剖面和二氧化碳物性参数剖面。

2.2 超临界二氧化碳井筒流动算例分析

本节将通过具体算例分析超临界二氧化碳井筒流动与传热耦合规律，结合二氧化碳物性参数剖面分析和解释压力剖面和温度剖面的形态。通过考察对流传热系数的不同取值对应的井下流场分布规律，评价不确定因素对模型稳定性的影响，并将提出修正方法。通过与清水井筒流动时的流场进行对比，分析和评价超临界二氧化碳井筒流动的特点。通过考察流量、环空回压和二氧化碳注入温度等工况因素对井下流场的影响规律，可为建立超临界二氧化碳喷射压裂环空压力剖面调控方法提供有效支撑。

2.2.1 二氧化碳井筒流动换热边界条件

结合工程实际，将连续管入口边界属性设置为质量流量入口，并赋值 25kg/s，给定入口处二氧化碳的温度为 253.15K；将环空出口边界属性设置为压力出口，并赋值 9MPa。算例中，模型求解所需的其余参数由表 2-3 给出。

表 2-3 算例基础数据

参　数	值	参　数	值	参　数	值
地温梯度	0.028K/m	连续管内半径	5.43cm	喷距	4cm
岩石密度	2500kg/m³	连续管外半径	6.35cm	井壁围岩对流换热系数	500W/(m²·K)
岩石热容	906J/(kg·K)	井眼半径	10.8cm	连续管外壁对流换热系数	500W/(m²·K)
岩石热导率	3.283W/(m·K)	恒温层半径	54cm	连续管内壁对流换热系数	500W/(m²·K)
连续管密度	2719kg/m³	喷嘴半径	1cm	连续管热导率	202.4W/(m·K)
连续管热容	871J/(kg·K)	喷嘴长度	2cm	井深	1500m

2.2.2 二氧化碳井筒流动换热流场分析

为优化储层改造、减少储层伤害、规避井下复杂，井下压力剖面是超临界二氧化碳喷射压裂过程中关注的焦点。图 2-8 给出了连续管、喷嘴和环空内的压力剖面，可以看出：连续管内压力随井深增大而增大，但这种增大的趋势随井深的继续增大而略有放缓；二氧化碳经井底喷嘴喷射进入环空的压降为 9.78MPa，沿喷嘴轴线，二氧化碳由喷嘴出口到达井底岩石表面的流程中压力增大 4.03MPa；环空中压力剖面与井深近似呈线性关系，这与 Wang 的研究结果相符[96]。此外，由于本书使用三维模型求解井筒流场，其中连续管轴线与环空中心线相距 8.575cm，因此各剖面在井底处是间断的。

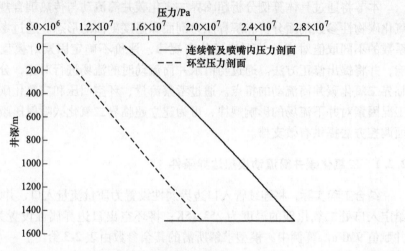

图 2-8 井下压力剖面

　　井下压力剖面的分布形态与密度剖面（图 2-9）和黏度剖面（图 2-10）高度耦合。从图 2-9 可以看出，连续管内二氧化碳在上部井段的密度值大于下部井段的密度值，因此上部井段压力增长较快，但由于二氧化碳在上部井段的黏度（图

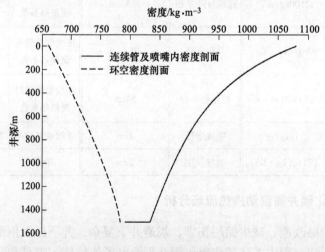

图 2-9 井下密度剖面

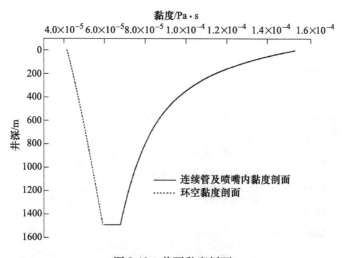

图 2-10　井下黏度剖面

2-10）以及对应的流动摩阻也同样较大（相较于下部井段），因此压力的增长速度没有密度的变化速度快。在井底区域，二氧化碳的密度仍然较高，足以高效地传递压能，这与 Gupta[5] 的结论一致，是超临界二氧化碳钻完井技术可行的佐证之一。二氧化碳沿环空上返过程中，其密度在上部井段下降略快，而黏度与井深近似呈线性正相关。

　　基于 Doan 模型[97]，可利用密度剖面和黏度剖面计算最优携砂流量，可据此调控改善超临界二氧化碳喷砂射孔压裂技术涉及的二氧化碳携砂流动效果。根据 Span 和 Wagner 模型[72] 以及 Fenghour 和 Wakeham 模型[86]，二氧化碳的密度和黏度与压力呈正相关，而压力与井深呈正相关（图 2-8）；但连续管内二氧化碳密度和黏度并不与井深呈正相关，原因是连续管内流体温度增长较快（图 2-11），成为决定密度和黏度变化的主因。

　　从井下温度剖面图（图 2-11）可以看出，连续管内上部井段增温速度较快（相较于下部井段），原因是上部井段内二氧化碳与井壁围岩的温差较大故而传热量较大，而且此处二氧化碳的热导率较大（图 2-12）而热容较小（图 2-13）。本例条件下，当井深达到 780m 处时，温度达到 304.19K，即二氧化碳进入超临界态。课题组之前的研究发现[71]，二氧化碳在井深为 450m 附近进入超临界态，这种差别是因为本例考虑了井壁围岩在传热过程中的温变，因此本例的边界条件更符合实际工况。

　　本例条件下，井底喷嘴处的温降为 11.7K，之后二氧化碳温度在其沿喷嘴轴线流向井底岩石表面过程中又有上升。井底处，环空内二氧化碳与井壁围岩的温差为 12.11K。二氧化碳沿环空上返过程中，其与连续管内二氧化碳间的温差逐渐增大，进而温度的下降速度逐渐加快，但始终处于超临界态，这有利于保护储层、提高机械钻速和采收率（EOR）。

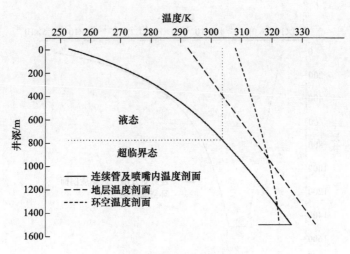

图 2-11　井下温度剖面

　　由于二氧化碳的密度和黏度都随温度上升而减小，综合图 2-8~图 2-11 可知，连续管内温度的变化主导了二氧化碳密度和黏度的变化，最终密度和黏度随井深增大而减小。环空中温度的变化速度明显减弱，压力变化成为密度和黏度变化的主导因素，因此密度和黏度皆与井深呈正相关。

　　除二氧化碳与井壁围岩的温差之外，二氧化碳的热导率（图 2-12）和热容（图 2-13）同样影响井下温度剖面的分布形态。

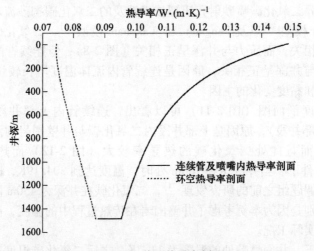

图 2-12　井下热导率剖面

　　从图 2-12 可以看出，连续管内二氧化碳热导率随井深增大而减小，即上部井段的热交换和温变更为剧烈，这与图 2-11 连续管内的温度剖面的变化规律相符合。环空中，二氧化碳热导率远小于连续管内的数值，不利于温度在径向上的传递，这是环空中二氧化碳温度变化明显小于连续管内二氧化碳温变的重要内因，进而也是环空中二氧化碳与井壁围岩存在较大温差的原因（图2-11）。环空中，二氧化碳热导率与井深近似呈正相关，结合二氧化碳状态方程可知，压力变化主导了热导率的变化。

算例涉及的温度和压力范围内，二氧化碳热容与温度呈正相关，而与压力呈负相关。图2-13为井筒内二氧化碳的热容剖面，可以看出，连续管内二氧化碳热容变化甚微。上部井段由于温度变化较为剧烈，热容呈增大趋势；下部井段压力变化的影响作用增强，热容又呈减小趋势。环空中，热容的变化完全由压力的变化主导，其随二氧化碳上返而逐渐增大，而且增速逐渐加快。当二氧化碳热容较大时，会抑制其温度的过快变化，这是环空中（尤其是上部井段）二氧化碳的温度变化明显小于连续管内二氧化碳温变（图2-11）的另一重要原因。

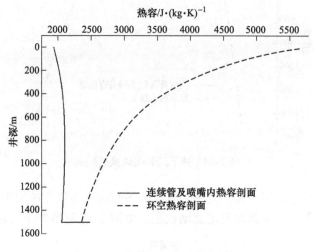

图 2-13 井筒二氧化碳热容剖面

综合上面的分析可知，二氧化碳井筒流动过程中，压力剖面和温度剖面与二氧化碳的物性参数呈现极强的耦合相关性。结合物性参数剖面来分析流场分布规律有利于加深对二氧化碳井筒流动规律的认识，也将是建立井筒流场调控方法的重要前提。

当温度为 323.15K，压力为 25MPa 时（接近井底处的温度和压力环境），二氧化碳的热容为 $2.30\times10^3kJ/(kg \cdot K)$，是空气热容（$1.26\times10^3kJ/(kg \cdot K)$）的 1.83 倍；当温度为 308.15K、压力为 10MPa 时（接近环空出口处的温度和压力环境），二氧化碳的热容为 $5.63 \times 10^3kJ/(kg \cdot K)$，是空气热容（$1.16 \times 10^3kJ/(kg \cdot K)$）的 4.85 倍，甚至大于水的热容（$4.15\times10^3kJ/(kg \cdot K)$）。同时由于二氧化碳热容较大，因此井底处环空中二氧化碳的温度比连续管内的温度低；加之部分动能和压能通过流动摩阻转化为内能，上部井段环空中二氧化碳温度甚至高于地层岩石温度。

　　流速剖面与密度剖面和黏度剖面相结合，可判定井下工况是否满足有效携砂流动的条件，基于上述需求，本章给出了井下二氧化碳流速剖面图（图 2-14），可以看出，连续管内流速逐渐增大，而且二氧化碳沿环空上返时其流速也逐渐增大。根据质量守恒方程可知，在二氧化碳密度值和黏度值较小的井段，其流速相应地有所增大，这将有利于保持相对稳定的携砂效果。

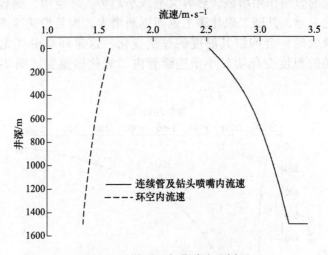

图 2-14　井下二氧化碳流速剖面

　　雷诺数与流速密切相关，并受二氧化碳的黏度等物理性质的影响，反映黏性力对压力项的影响，可据此判定流动状态。由图 2-15 所示井下雷诺数剖面可知，

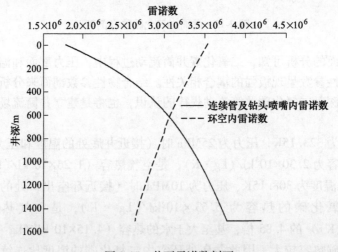

图 2-15　井下雷诺数剖面

二氧化碳井筒流动过程中雷诺数高达 10^6，处于极强的紊流状态，说明压力项与黏性力（如流动摩阻）的相关性较小而主要取决于惯性力（重力），因此压力剖面的变化趋势（图 2-8）主要取决于密度剖面（图 2-9）。此外，较高的雷诺数和较低的黏度说明固体壁面对二氧化碳流动的影响相对较弱，这一认识很好地解释了超临界二氧化碳钻完井循环压耗低的内在原因。

2.2.3 二氧化碳井筒流动换热模型稳定性分析

目前，由于缺少超临界二氧化碳钻完井技术的现场应用数据，无法直接验证模型计算结果的准确性。如前文所述，由于二氧化碳井筒流动条件下对流传热系数的确定方法尚未建立，本章在建模过程中假设对流传热系数为恒定值（即不随井深变化），这与实际工况存在差异，因此有必要考察对流传热系数的取值对模型稳定性的影响。

图 2-16 和图 2-17 分别为选取不同对流传热系数条件下的压力剖面和温度剖面。可以看出，不同对流传热系数条件下，计算得到的连续管内和环空中的压力和温度值发生明显变化，但连续管内和环空中压力剖面和温度剖面的变化趋势基本不变。由于边界条件中环空出口处的压力相同，环空中二氧化碳温度随着对流传热系数的增大而整体增大（图 2-17），因此环空中的密度相应地减小，导致环空中的压力整体较小（图 2-16）。井底处相同质量流量条件下，较大的对流传热系数对应了较大的体积流量和喷嘴压降，因此连续管内的压力相应较大（图 2-16）；连续管内，二氧化碳的增温趋势随对流传热系数的增大而明显增大（图 2-17），导致密度较快地减小，最终压力的增长速度随对流传热系数的增大而减小（图 2-16）；连续管入口压力随对流传热系数的增大而增大。

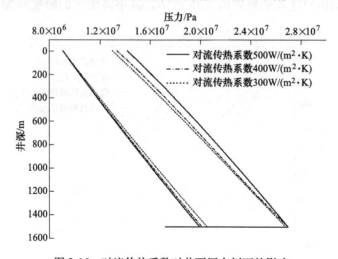

图 2-16 对流传热系数对井下压力剖面的影响

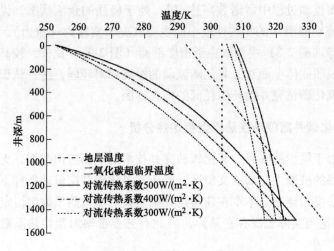

图 2-17 对流传热系数对井下温度剖面的影响

通过上述分析可知，对流传热系数虽然对压力剖面和温度剖面的变化趋势影响不大，但对连续管入口压力、井底温度等重要数据的计算有不可忽略的影响。现场实际应用时，可先利用第一口井的温度剖面数据校正模型的对流传热系数，之后再利用模型的计算结果指导后续应用井的施工作业。

2.2.4 与清水井筒流动压力场的对比分析

本节将通过与清水井筒流动时压力剖面的定量对比，分析和评价超临界二氧化碳井筒流动的特点。在相同质量流量和环空回压条件下，二氧化碳和清水井筒流动时压力剖面的计算结果如图 2-18 所示，其中将清水的密度和黏度都设为常

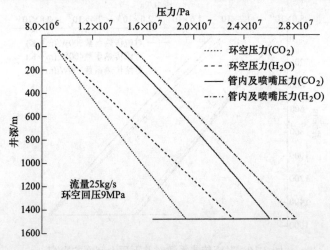

图 2-18 二氧化碳与清水井筒流动压力剖面对比

量，分别取 1000kg/m³ 和 $1.003×10^{-3}kg/(m·s)$。

从图 2-18 可以看出，在连续管内和环空中，当工作介质为清水时的压力值始终高于二氧化碳时的压力值。清水沿连续管流向井底时，其密度较大有利于促进压力随井深的增大，但由于其较大的黏度（结合图 2-10 可知，清水的黏度约为二氧化碳的 6~20 倍）对压力的增长起阻碍作用，最终压力随井深的增速与二氧化碳流动时对应的增速相差不大。清水沿环空上返时，较高的密度和黏度都对压力的减小起促进作用，最终二氧化碳在环空中的压降比清水的小 36.7%，说明超临界二氧化碳钻完井技术在规避窄密度窗口条件下的复杂情况方面更具优势。连续管入口和环空出口的压差可反映井底喷嘴压降和循环压耗，循环介质为二氧化碳时井口压差较小而井底喷嘴压降较大，说明其循环流动的压耗较小，这是超临界二氧化碳钻完井的另一优势，反映了沿程流动压耗主要由流体黏度决定。二氧化碳流经井底喷嘴时的压降较高，其原因可结合图 2-9 所示二氧化碳密度剖面进行解释。由于二氧化碳密度较低，在相同质量流量条件下的体积流量较高，反映了井底喷嘴压降主要由体积流量决定。

2.3 超临界二氧化碳井筒流动影响因素分析

2.3.1 流量对井筒流场的影响

流量是超临界二氧化碳钻完井工程中的重要参量，其值主要取决于造缝效果的调控、井眼清洁、井壁稳定和携砂流动效果的要求。图 2-19 和图 2-20 分别给出了不同流量条件下，井筒压力剖面和温度剖面的计算结果。

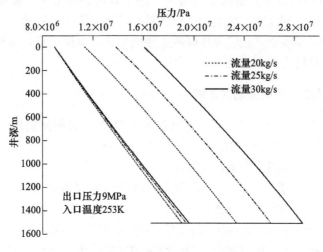

图 2-19 流量对井下压力剖面的影响

从图 2-19 可以看出，环空回压为定值条件下，流量对环空压力剖面的影响较小，再次说明黏性力项（如流动摩阻）对压力项的影响较小，压力项主要取决于惯性力项（重力）；由于增大流量会使井底喷嘴压降升高，所以连续管内压力剖面相应升高，但压力剖面的变化趋势基本不变；连续管入口压力随流量增大而显著增大。综合上述分析可知，流量对压力剖面的影响主要根源于其对井底喷嘴压降的影响。由于流量的选取主要取决于携砂流动的需求，而环空压力剖面主要与规避井下复杂相关，因此超临界二氧化碳钻完井的另一优势是携砂流动和环空控压之间不存在明显冲突，这一有利特点在以往的研究中未被发现。

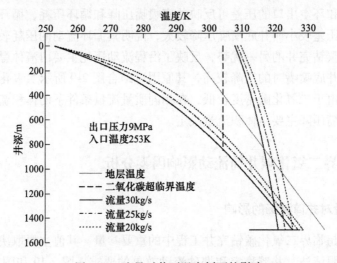

图 2-20 流量对井下温度剖面的影响

从图 2-20 可以看出，随流量的增大，连续管内和环空中温度剖面的变化趋势基本不变；温度剖面随流量增大呈整体减小趋势，因此连续管内临界井深随流量增大而加深；相较于井底喷嘴压降随流量的变化，温度的变化幅度较小；环空出口温度随流量增大而略有减小。

2.3.2 环空回压对井筒流场的影响

调控环空回压（出口压力）是规避井下复杂（如井壁坍塌、井涌和滤失等）、调控压裂位置和方位的主要手段。图 2-21 和图 2-22 是不同环空回压条件下，井下压力剖面和温度剖面的计算结果。

从图 2-21 可以看出，井下压力剖面随回压增大而整体增大；井深一定时，环空压力的增幅与环空回压近似呈线性关系，这一认识可为建立环空压力控制方法提供便利；连续管内压力的增幅随回压的增大呈减缓趋势，主要原因是回压增大后，二氧化碳的密度相应增大，导致喷嘴的压降减小。由于二氧化碳流经井底

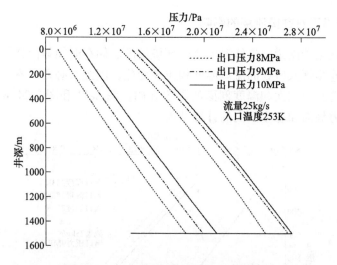

图 2-21 出口压力对井下压力剖面的影响

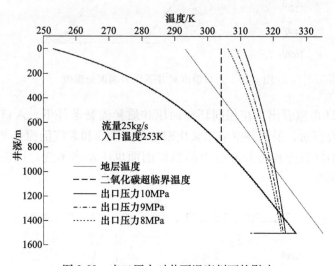

图 2-22 出口压力对井下温度剖面的影响

喷嘴进入环空的物理过程属于淹没射流的范畴，研究结果表明环境压力可显著影响二氧化碳淹没射流时的喷嘴压降。

从图 2-22 可以看出，连续管内二氧化碳温度基本不随回压变化而变化；井底喷嘴处的节流温降随回压增大而减小，主要原因是回压增大后，相同质量的流体体积减小；环空中流体温度随回压增大而整体增大，且这种增大的趋势随流体上返而越加显著。研究结果表明，环境压力还可影响二氧化碳淹没射流时的喷嘴温降。

2.3.3 入口温度对井筒流场的影响

地面二氧化碳储罐中流体温度会受环境温度、储存时间等因素的影响而发生变化，进而连续管入口处的流体温度相应地变化，因此有必要考察二氧化碳的入口温度对井筒压力剖面和温度剖面的影响规律。图 2-23 和图 2-24 分别为单因素条件下，压力剖面和温度剖面的计算结果。

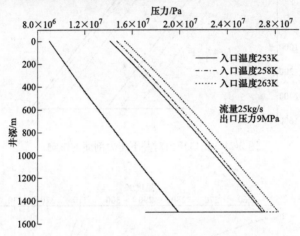

图 2-23 入口温度对井下压力剖面的影响

从图 2-23 可以看出，在相同环空回压和质量流量条件下，入口温度基本不影响环空压力剖面，说明环空中二氧化碳的密度剖面和黏度剖面也基本不变。根据二氧化碳的状态方程可知环空中的温度剖面也应基本不变，这正好与图 2-24 的计算结果相符。

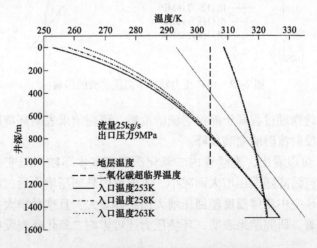

图 2-24 入口温度对井下温度剖面的影响

从图 2-24 可以看出，连续管内的温度剖面随入口温度的升高而逐渐升高，因而恒定质量流量条件下的体积流量增大，进而导致井底喷嘴压降增大，最终导致连续管内流体压力剖面以及连续管入口压力皆随入口温度的升高而升高（图 2-23）。

由于二氧化碳入口温度的变化基本不影响环空的压力剖面和温度剖面，可知入口温度的变化不会对环空压力控制产生不利影响。

2.4 超临界二氧化碳井筒流动环空压力控制模型

超临界二氧化碳喷射压裂过程中，需要通过控制压裂目标层位的环空压力，来避免压串层等井下复杂情况[98]。当工作介质为可压缩流体时，建立环空压力控制模型变得更为困难和复杂。在深入分析和认识超临界二氧化碳井筒流动规律及控制因素的基础上，本节将以实现环空底部目标压力为例建立控压模型，并通过具体算例给出不同工况条件下的环空回压调控方法，以期为规避井下复杂，实现定点、定向改造储层的工程目标提供理论和方法支撑。

2.4.1 环空控压数学模型

在不同的流量、入口温度和井深条件下，超临界二氧化碳钻完井技术主要通过调控环空回压（由环空出口处的节流阀来施加）实现对井底压力的控制。上述过程的控制方程与井筒流动模型相同，包括式（2-1）~式（2-18）。对于任一预设的井口回压 $P_a(1)$，按照式（2-19）~式（2-34）求解得到环空压力剖面后，按照式（2-35）进行修正：

$$P_a(1)^{(i+1)} = P_a(1)^{(i)} + (P_t - P_d) \tag{2-35}$$

式中，$P_a(1)^{(i+1)}$ 表示第 $i+1$ 次修正时环空回压设定值，Pa；P_t 表示特定井深处的目标压力，Pa；P_d 表示第 i 次修正时特定井深处的压力计算值，Pa。

控压过程的数学本质是对井口回压进行循环迭代求解，以匹配井底目标压力。取计算精度 $\sigma = 0.001\%$，循环迭代的收敛条件为

$$\frac{|P_t - P_d^{(i)}|}{P_t} \leqslant \sigma \tag{2-36}$$

2.4.2 环空控压算例边界条件

边界条件中岩石、套管和连续管的热物理性质与第 2 章中的相同，这里不做赘述。算例中，井身结构参数及入口条件如表 2-4 所示。以实现井底压力为 25MPa 作为控压目标，进行单因素分析。

表 2-4 算例基础数据

参　数	值	参　数	值	参　数	值
井深	2500m	套管内径	101.6mm	井底喷嘴直径	7.1mm
套管下深	500m	套管外径	114.3mm	质量流量	4.5kg/s
连续管内径	43mm	裸眼段井眼直径	95.3mm	入口温度	253.15K
连续管外径	51mm	井底喷嘴个数	5	地温梯度	0.028K/m

2.4.3　环空控压算例结果分析

2.4.3.1　流量

调控流量是优化储层改造的重要手段。图 2-25 为不同流量条件下，环空压力剖面的计算结果。

从图 2-25 可以看出，当流量增大后可通过减小环空回压来实现井下控压目标。主要原因是：随着流量的增大，环空返速和流动压耗相应地增大，因此当二氧化碳从一定压力的井底返回至井口时，压力减小。从图 2-25 还可看出，环空压力剖面与井深呈近似线性相关，这与前期的研究成果相符[71]，这一认识可为调控环空压力剖面提供便利。主要原因是：压力剖面主要与流体密度和流动压耗直接相关，二氧化碳沿环空上返过程中，当二氧化碳密度值较高即静液压力下降较快时，体积和流动压耗相应地较小，二者综合作用下液柱压力近似匀速地下降。

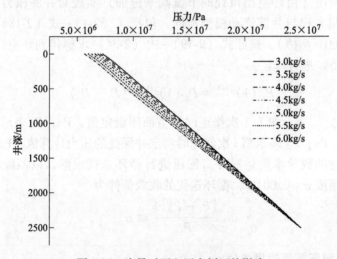

图 2-25　流量对环空压力剖面的影响

2.4.3.2　入口温度

现场应用过程中，地面储罐内二氧化碳的温度会随环境温度而波动，有必要考察连续管入口温度对环空控压的影响。图 2-26 和图 2-27 分别为不同入口温度条件下，环空压力剖面以及所需的环空回压及入口与出口压差的计算结果。其中，入口与出口压差可反映井筒流动的沿程压耗。

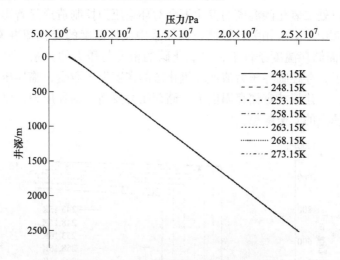

图 2-26 入口温度对环空压力剖面的影响

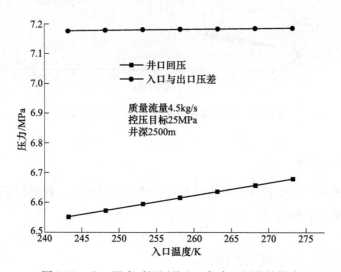

图 2-27 入口温度对回压及入口与出口压差的影响

从图 2-26 可以看出，随着入口温度的变化，环空压力剖面变化甚微，可以忽略不计。主要原因是：入口温度升高后，井下二氧化碳的平均密度有所降低，但由 2.2 节的研究结果可知，入口温度的变化主要是影响油管里的上部井段，对环空压力剖面和温度剖面的影响近乎可以忽略，因此即使入口温度升高了 30K，所需施加的环空回压仅增大约 0.2MPa（图 2-27）。此外由于入口温度升高后，二氧化碳的流速略有升高但其黏度有所降低，因此整个流程的压降变化更为微小。

尽管入口处二氧化碳温度的变化不会对环空压力控制造成显著影响，但由于其与地面储罐中的温度相关性极高，而储罐中流体温度的变化却事关作业安全。图 2-28 为地面储存温度条件下，二氧化碳的密度与压力的关系，可以看出：恒定温度条件下，存在临界压力值使二氧化碳的密度发生激变；临界压力值随温度的升高而增大。建议特定储存温度下，储存压力要高于临界压力，以避免二氧化碳体积激增诱发的安全隐患。

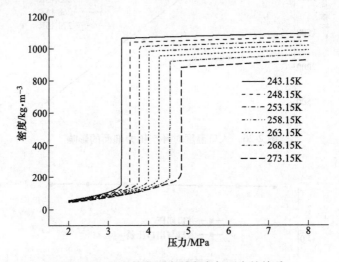

图 2-28　恒定储存温度时密度与压力的关系

2.4.3.3　井深

实际工况中，环空控压目标会随着井深的加深而变化，假定控压目标与井深的关系符合式（2-37）：

$$P_t = 10\rho_w H \tag{2-37}$$

式中，$\rho_w = 1000\text{kg/m}^3$；$H$ 为井深，m。

图 2-29 和图 2-30 分别为不同井深条件下，环空压力剖面以及所需的环空回压和入口与出口压差的计算结果。从图 2-29 可以看出，随着井深的变化，环空压力剖面仍与井深近似呈线性相关，这为环空压力控制提供便利。还可看出，为实现不同井深的控压目标，所需的井口回压随井深的增大而增大，主要原因是井下新钻井段处二氧化碳的密度低于 1000kg/m^3，需要通过增大井口回压来补偿。从图 2-30 还可看出，入口与出口的压差随井深的增大而增大，且增幅超过所需

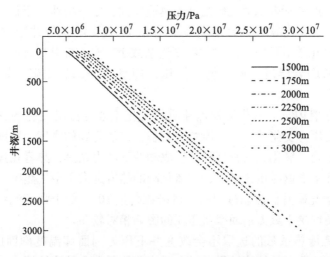

图 2-29 井深对环空压力剖面的影响

井口回压的增幅，主要原因是井深增大后，连续管内的流动压耗也会增大，导致入口压力的增大。

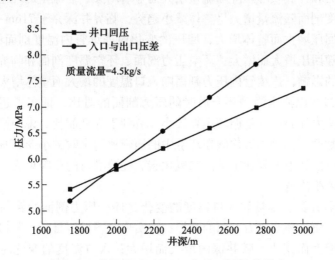

图 2-30 井深对回压及入口与出口压差的影响

本章基于欧拉方法，建立了完全闭合的控制方程组，在考虑井壁围岩温变和摩阻生热的条件下，实现对二氧化碳井筒流动过程涉及的流态、传热和二氧化碳物性参数变化的耦合求解与分析，揭示了二氧化碳将压能从地面输运至井下的过程及影响因素；在此基础上，为实现环空控压目标，通过建立数学模型计算了不同流量、入口温度和井深条件下所需的井口回压，主要获得了以下结论：

（1）井下压力剖面与井深近似呈线性正相关关系；算例中，井底喷嘴压降为 9.78MPa；连续管内二氧化碳温度先迅速增大，之后增速趋于稳定，当井深达到 780m 时，二氧化碳进入超临界态，井底处二氧化碳与井壁围岩的温差为12.11K，二氧化碳沿环空上返时的温度逐渐减小，在上部井段环空中二氧化碳的温度高于井壁围岩温度；通过增大回压，环空中的二氧化碳可始终处于超临界态。

（2）连续管内，二氧化碳物理性质的变化主要受温度变化的影响，而在环空中则主要受压力变化的影响；沿整个流程，二氧化碳的密度、黏度和热导率持续减小，井底处二氧化碳的密度仍足以驱动井下动力钻具；热容在连续管内变化甚微，但沿环空上返时迅速增大，二氧化碳的热容远大于空气热容。

（3）二氧化碳井筒流动过程中，雷诺数高达 10^6，处于强紊流状态，说明流场压力项主要取决于重力，而摩阻压耗的影响相对较弱。

（4）对流传热系数的选取不会改变井下压力剖面和温度剖面的变化趋势，但会影响温度和压力的计算结果；增大对流传热系数会使连续管入口压力和环空出口温度升高，因此需根据现场应用数据校正对流传热系数。

（5）流量、环空回压和入口温度都可显著影响井下压力剖面和温度剖面。连续管内压力和井底喷嘴压降随流量增大而显著增大，但流量对环空压力剖面影响较小，温度剖面随流量增大呈整体减小趋势，临界井深介于 716m～843m 之间；压力剖面随回压增大而整体增大，回压的变化对连续管内温度剖面的影响甚微，环空中温度随回压增大而增大；环空压力剖面、环空温度剖面和临界井深基本不受入口温度的影响，连续管内压力剖面随入口温度的增大而整体增大。

（6）通过与以清水为循环介质时的压力剖面的对比，证实了超临界二氧化碳钻完井的两大优势：一是循环压耗较小，有利于降低能耗，说明沿程压耗主要取决于流体黏度；二是二氧化碳在环空中的压降比清水时的小 36.7%，有利于规避窄密度窗口条件下的复杂工况。二氧化碳流经喷嘴时的压降更大，即喷嘴压降主要取决于体积流量。

（7）随着井深、排量和入口温度的变化，环空压力剖面始终与井深近似呈线性正相关，便于环空压力剖面的调控；为实现井下控压目标，井口所需施加的回压随流量增大而减小，随井深的增大而增大；入口温度的变化对环空压力剖面、井口回压和流动压耗的影响可以忽略不计；二氧化碳密度激变对应的临界压力随温度的升高而升高，建议特定温度条件下的储存压力高于其临界压力。

3 超临界二氧化碳喷砂射孔增压机理

基于第 2 章的研究结果，可实现对任意井深处环空压力的调控。按照喷射压裂工艺流程，本章将开展超临界二氧化碳喷砂射孔增压机理研究，其目的在于揭示能量从井筒到地层的传递机制。通过考察流场分布规律及影响因素，可为模拟分析储层岩石的开裂确定边界载荷，进而有助于建立井筒流场调控和优化储层改造之间的联系。

3.1 超临界二氧化碳携砂流动数学模型及求解

程宇雄等[74]利用二维简化模型，在压力入口和压力出口条件下，模拟分析了二氧化碳单相射流时喷嘴及岩层射孔内的流场分布规律及其影响因素。上述模型中，未能考虑内能变化对总能转换的影响，也没考虑壁面传热对流场的影响，并且忽略了喷嘴入口前的流场波动对孔内流场的影响。实际喷射压裂工况条件下，二氧化碳流经喷嘴时会产生明显的节流温降效应，对于可压缩流动而言，温度场和压力场是相互耦合的，进而在温差作用下，孔内流体与固体壁面会进行热交换并将影响压力场的分布规律。可见现有单项流模型与实际工况间仍存在差异，而针对二氧化碳喷砂射孔增压涉及的多相流动研究尚未见报道。为此，本节基于实际工况，建立三维超临界二氧化碳喷砂射孔多相流模型，考虑喷嘴节流温降以及固体壁面与流体间的传热，并考虑喷嘴入口前的来流扰动，考察射孔内的流场以及物性参数分布规律，更精确地考察增压效果及其影响因素。在研究单相射流流场分布规律的基础上，本章还将进一步研究超临界二氧化碳喷砂射孔多相流动中的能量传输机制，并探究砂砾浓度、直径和密度等工程因素对射孔增压效果的影响规律，以期更好地支撑实际技术的发展。

3.1.1 二氧化碳喷砂射孔几何模型及边界属性

超临界二氧化碳喷砂射孔及喷射压裂过程中，环空保持回压控制状态[7,99]。二氧化碳裹挟固相砂砾由井下管柱输送至预定井深，经安装在管体的喷嘴喷射冲击井壁，形成纺锤体形射孔孔道[7,20,100]。针对水射流[101,102]和二氧化碳射流[69,103,104]冲击破碎岩石的研究逐步发展完善，可为解释孔道的形成过程提供支撑，本书不再将此作为研究重点。当孔道内的射流滞止压力达到地层破裂压力时，孔道尖端将产生裂缝并在流体压力作用下进一步扩展[105~107]。本章的研究目标是考察超临界二氧化碳喷砂射孔过程中孔道内的压力场分布规律及其影响因素，为模拟分析储层岩石的开裂确定边界载荷。基于对工艺流程的分析可知，连续管入口属于流量入口边界属性，环空出口属于压力出口边界属性，固体壁面可设置为无滑移传热边界。

　　水力喷射压裂过程中，射流喷嘴安装在局部加粗的管体内以方便起下管柱，这种设计使压裂目标层位处的环空截面积变窄，进而影响环空回流。以对称分布的两喷嘴结构为例，流场几何模型及其网格划分结果如图 3-1 所示。其中喷嘴位于管体轴向中间位置，这样二氧化碳从连续管入口到达喷嘴处时，流场已发展稳定，可以避免入口边界的初始条件对射孔流场的影响；当二氧化碳从射流孔道返至环空中时，还可考察环空压力条件对射孔流场的影响，因此本书建立的流场几何模型比现有的二维模型更贴近实际工况条件。由于流场结构复杂，无法直接采用结构化方法进行网格划分，因此对流场进行分体，并对流场变化剧烈的喷嘴进行局部网格加密以获得较高的计算精度。

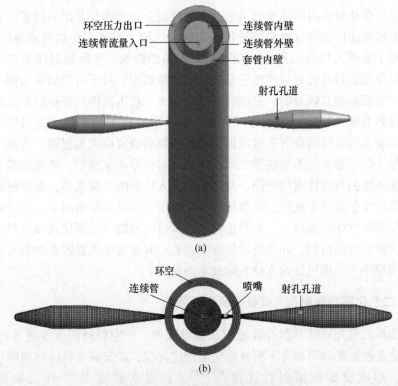

图 3-1　流场几何模型及其网格

(a) 几何模型；(b) 网格划分（俯视图）

3.1.2 二氧化碳喷砂射孔控制方程与求解

二氧化碳单相流动的控制方程及其求解方法参见第 2.2 节,本章不做赘述。喷砂射孔多相流条件下,固相浓度较高,颗粒间的相互干扰不可忽略,因此选用欧拉-欧拉方法[108]模拟分析超临界二氧化碳携砂流动问题。流体相与固相的连续性方程分别为

$$
\begin{cases}
\dfrac{\partial}{\partial t}(\alpha_l \rho_l) + \nabla(\alpha_l \rho_l \boldsymbol{v}_l) = 0 \\[2mm]
\dfrac{\partial}{\partial t}(\alpha_s \rho_s) + \nabla(\alpha_s \rho_s \boldsymbol{v}_s) = 0
\end{cases}
\tag{3-1}
$$

式中,下标 l、s 分别为流体相和固相;t 为时间,s;α 为无因次体积分数;ρ 为密度,kg/m³;$\boldsymbol{v}$ 为速度矢量,m/s。当考察连续喷砂射孔过程中的稳定流场时,上式中的时间项可取 0,后续控制方程也是如此。

两相的动量守恒方程组为

$$
\begin{cases}
\dfrac{\partial}{\partial t}(\alpha_l \rho_l \boldsymbol{v}_l) + \nabla(\alpha_l \rho_l \boldsymbol{v}_l \boldsymbol{v}_l) = -\alpha_l \nabla P + \nabla \tau_l + \alpha_l \rho_l \boldsymbol{g} + \beta(\boldsymbol{v}_s - \boldsymbol{v}_l) \\[2mm]
\dfrac{\partial}{\partial t}(\alpha_s \rho_s \boldsymbol{v}_s) + \nabla(\alpha_l \rho_l \boldsymbol{v}_s \boldsymbol{v}_s) = -\alpha_l \nabla P + \nabla \tau_l + \alpha_l \rho_l \boldsymbol{g} + \beta(\boldsymbol{v}_l - \boldsymbol{v}_s)
\end{cases}
\tag{3-2}
$$

式中,P 为压力,Pa;τ 为剪切应力张量,Pa;g 为重力加速度,m/s²;β 为相间动量交换系数,kg/(m³·s)。

两相输运过程中,颗粒温度可由下式确定:

$$
\frac{3}{2}\rho_s \left[\frac{\partial}{\partial t}(\alpha_s \Theta_s) + \nabla(\alpha_s \boldsymbol{v}_s \Theta_s) \right] = \nabla(\kappa_s \nabla \Theta_s) + \tau_s : \nabla \boldsymbol{v}_s - J_s + \eta_\Theta
\tag{3-3}
$$

式中,κ_s 为固相颗粒能连传导系数,kg/(m·s);Θ_s 为固相颗粒拟温度,m²/s²;J_s 为碰撞过程导致的能量损耗,kg/(m·s³);η_Θ 为流体黏性导致的能量损耗,kg/(m·s³)。

由于主相为低黏流体,湍流的影响不可忽略,采用 k-ε 方程计算湍流:

$$
\begin{cases}
\dfrac{\partial}{\partial t}(\alpha_l \rho_l k) + \nabla(\alpha_l \rho_l \boldsymbol{v}_l k) = \nabla(\alpha_l \mu_t \nabla k) - \alpha_l \rho_l \varepsilon + G_{k,l} + \eta_k \\[2mm]
\dfrac{\partial}{\partial t}(\alpha_l \rho_l \varepsilon) + \nabla(\alpha_l \rho_l \boldsymbol{v}_l \varepsilon) = \nabla\left(\alpha_l \dfrac{\mu_t}{1.3} \nabla \varepsilon\right) + \alpha_l \dfrac{\varepsilon}{k}(1.44 G_{k,l} - 1.92 \rho_l \varepsilon) + \eta_\varepsilon
\end{cases}
\tag{3-4}
$$

式中,μ_t 为湍流黏性系数,Pa·s;k 为主相的湍动能,m²/s²;$G_{k,l}$ 为湍动能的产生项,kg/(m·s³);η_k、η_ε 为两相间的湍流交换项,kg/(m·s³);ε 为湍流耗散率,m²/s³。

湍动能的产生项由下式计算:

$$G_{k,1} = \varepsilon\mu_1(\nabla\boldsymbol{v}_1 + \nabla\boldsymbol{v}_1{}^T) : \nabla\boldsymbol{v}_1 \tag{3-5}$$

固相颗粒脉动能量的碰撞耗散及黏性阻尼项可由下列经验方程组计算：

$$\begin{cases} J_s = \dfrac{48}{\sqrt{\pi}}\eta(1 - \eta)\dfrac{\rho_s\alpha_s^2 g_o}{d_s}\Theta_s^{1.5} \\[4mm] \eta_\Theta = -3\beta\Theta_s + 81\dfrac{\alpha_s\mu_1^2\,|\,\boldsymbol{v}_1 - \boldsymbol{v}_s\,|^2}{\rho_s d_s^3 g_o\sqrt{\pi\Theta_s}} \end{cases} \tag{3-6}$$

两相湍流作用相由下列经验公式计算：

$$\begin{cases} \eta_k = \beta(3\Theta_s - 2k) \\[2mm] \eta_\varepsilon = 0 \end{cases} \tag{3-7}$$

式中，$\eta = \dfrac{1+e}{2}$，e 为碰撞回归系数，取 $e = 0.9$。

固相颗粒接触径向分布函数为

$$g_o = \frac{1 - 0.5\alpha_s}{(1 - \alpha_s)^3} \tag{3-8}$$

上述方程组中涉及流体相的物性参数，已在第 2.2 节中详述。为使方程组闭合可解，还需引入本构方程。本章采用 Gidaspow 模型计算相间动量交换：

当 $\alpha_1 \geqslant 0.8$ 时， $\quad \beta = \dfrac{3}{4}C_D\dfrac{\rho_1\alpha_1\alpha_s\,|\,\boldsymbol{v}_1 - \boldsymbol{v}_s\,|}{d_s}\alpha_1^{-2.65} \tag{3-9}$

当 $\alpha_1 < 0.8$ 时， $\quad \beta = \dfrac{150\alpha_s^2\mu_1}{\alpha_1 d_s^2} + \dfrac{1.75\rho_1\alpha_s\,|\,\boldsymbol{v}_1 - \boldsymbol{v}_s\,|}{d_s} \tag{3-10}$

其中 $\quad C_D = \begin{cases} \dfrac{24}{Re_s}(1 + 0.15Re_s^{0.687}) & Re_s < 1000 \\[3mm] 0.44 & Re_s \geqslant 1000 \end{cases} \tag{3-11}$

$$Re_s = \frac{\rho_1 d_s \varepsilon_1\,|\,\boldsymbol{v}_1 - \boldsymbol{v}_s\,|}{\mu_1} \tag{3-12}$$

式中，C_D 为无因次相间动量交换阻力系数；d_s 为固相颗粒直径，m；μ_1 为主相黏度，Pa·s；Re_s 为以滑移速度定义的雷诺数，无因次。

两相的剪切应力可由如下方程组计算：

$$\begin{cases} \tau_1 = 2\alpha_1\mu_1 S_1 \\[2mm] \tau_s = [\eta\mu_v\nabla\boldsymbol{v}_s - (P_s + P_f)]I + 2(\mu_s - \mu_f)S_s \end{cases} \tag{3-13}$$

式中，S_1、S_s 分别为流体相、固相应变张量，s^{-1}；P_f 为固相摩擦压力，Pa；P_s 为固相压力，Pa；μ_v 为固相体积黏度，Pa·s；μ_s 为固相剪切黏度，Pa·s；μ_f 为摩擦黏度系数，Pa·s；I 为无因次二阶单位张量。

固相颗粒剪切黏性系数方程为

$$
\begin{cases}
\mu_s = \dfrac{3}{5}\left(\dfrac{2+c}{3}\right)\eta\mu_v + \left(\dfrac{2+c}{3}\right)\dfrac{\mu^*}{g_o\eta(2-\eta)}\left(1+\dfrac{8}{5}\eta\alpha_s g_o\right)\left[1+\dfrac{8}{5}\eta(3\eta-2)\alpha_s g_o\right] \\[3mm]
\mu^* = \mu\left[1+\dfrac{2\beta\mu}{(\alpha_s g_o)^2 g_o\Theta_s}\right]^{-1} \\[3mm]
\mu = \dfrac{5\rho_s d_s\sqrt{\pi\Theta_s}}{96} \\[3mm]
\mu_v = \dfrac{256}{5\pi}\mu\alpha_s^2 g_o
\end{cases}
\tag{3-14}
$$

式中，c 为固相颗粒黏性常数，取 $c=1.6$；μ^* 为考虑颗粒间流体影响时对应的固相颗粒黏度，$Pa\cdot s$；μ 为稀疏固相颗粒黏度，$Pa\cdot s$。

两相应变张量由下列方程组计算：

$$
\begin{cases}
S_1 = \dfrac{1}{2}\left[\nabla\boldsymbol{v}_1 + (\nabla\boldsymbol{v}_1)^T\right] - \dfrac{1}{3}(\nabla\boldsymbol{v}_1)I \\[3mm]
S_s = \dfrac{1}{2}\left[\nabla\boldsymbol{v}_s + (\nabla\boldsymbol{v}_s)^T\right] - \dfrac{1}{3}(\nabla\boldsymbol{v}_s)I
\end{cases}
\tag{3-15}
$$

固相脉动能量的传导系数可由下列方程组计算：

$$
\begin{cases}
\kappa_s = \left(1+\dfrac{12}{5}\eta\alpha_s g_o\right)\left[1+\dfrac{12}{5}\eta^2(4\eta-3)\alpha_s g_o\right]\left(\dfrac{\kappa^*}{g_o}\right)+ \\[3mm]
\qquad \dfrac{64}{25\pi}(41-33\eta)\eta^2(\alpha_s g_o)^2\left(\dfrac{\kappa^*}{g_o}\right) \\[3mm]
\kappa^* = \kappa\left[1+\dfrac{6\beta\kappa}{5(\alpha_s\rho_s)^2 g_o\Theta_s}\right]^{-1} \\[3mm]
\kappa = \dfrac{75\rho_s d_s\sqrt{\pi\Theta_s}}{48\eta(41-33\eta)}
\end{cases}
\tag{3-16}
$$

式中，κ^* 为考虑固相颗粒间流体作用时对应的固相能量传导系数，$kg/(m\cdot s)$；κ 为稀疏固相能量传导系数，$kg/(m\cdot s)$。

固相摩擦压力的计算式为

$$
P_f = P_c\left(1-\dfrac{\nabla\boldsymbol{v}_s}{\sqrt{2}\,n\sin\delta\sqrt{S_s:S_s+\dfrac{\Theta_s}{d_s^2}}}\right)^{n-1}
\tag{3-17}
$$

其中

$$P_c = \begin{cases} 10^{25}\,(\alpha_s - \alpha_{smax})^{10} & \alpha_s \geqslant \alpha_{smax} \\[2mm] F_r \dfrac{(\alpha_s - \alpha_{smin})^2}{(\alpha_{smax} - \alpha_s)} & \alpha_{smax} > \alpha_s > \alpha_{smin} \\[2mm] 0 & \alpha_s \leqslant \alpha_{smin} \end{cases} \qquad (3\text{-}18)$$

$$n = \begin{cases} \dfrac{\sqrt{3}}{2}\sin\delta & \nabla \boldsymbol{v}_s \geqslant 0 \\[2mm] 1.03 & \nabla \boldsymbol{v}_s < 0 \end{cases} \qquad (3\text{-}19)$$

式中，P_c 为临近固相压力，Pa；α_{smax} 为固相颗粒最大堆积浓度（体积分数），本书中取 63%；α_{smin} 为产生临界压力的固相体积分数，取 50%；F_r 为摩擦系数，取 0.05；δ 为固相内摩擦角，取 $\pi/6$。

3.2 超临界二氧化碳单相射孔增压机理

研究单相射流流场分布规律是开展多相流研究的基础，可为解释多相流的发展提供支撑。为此，本节通过具体算例分析和解释超临界二氧化碳单相射孔增压机理，并将考察工程因素对增压效果的影响规律。

3.2.1 二氧化碳单相射孔增压流场分析

算例中，喷嘴直径取 5mm，连续管内径取 50mm，连续管外径（加厚）取 80mm，套管（若为裸眼完井则表示井壁围岩）内径取 100mm，孔道顶端距环空中心 200mm，连续管长 1000mm；入口流量取 6kg/s，入口温度取 340K，出口压力取 25MPa。为探究超临界二氧化碳射孔增压过程中的能量转化机制，考察喷嘴节流温降效应对能量输运的影响，因此算例中将固体壁面的温度也设置为 340K，以略去喷嘴前对流传热的影响。二氧化碳流经喷嘴时产生剧烈温降，因此后续流场计算中涉及到流体与固体壁面间的热交换。

压力场的分布变化规律是研究的重点，图 3-2 为三维模型内二氧化碳单相流动时的压力云图。建立三维模型的目的在于充分考虑实际工况条件下固体边界对流场的影响。从图 3-2 可以看出，连续管内的高压二氧化碳经喷嘴进入射孔后实现了孔内增压的效果，射孔内流体压力高于环空压力。研究结果从理论上证实了利用超临界二氧化碳作为喷射压裂工作介质的可行性。

图 3-3 和图 3-4 分别为喷嘴及孔道横截面的压力云图和速度云图。从图 3-3 和图 3-4 可以看出，连续管内的高压流体经喷嘴射出，流速剧增而压力骤降，可见压能向动能转化；二氧化碳进入射孔孔道后，径向流动受固体壁面限制，流速逐渐降低而压力渐增，动能又逐渐转化为压能。最终，孔道顶端滞止压力为 29.46MPa，实现了 4.46MPa 的增压效果，即本例条件适用于压开地层破裂压力

$$1.50×10^7 \quad 2.50×10^7 \quad 3.50×10^7 \quad 4.50×10^7 \quad 5.50×10^7$$

图 3-2　三维模型的压力云图

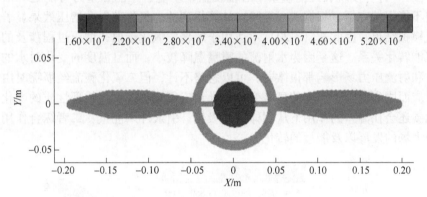

图 3-3　喷嘴及孔道截面压力云图

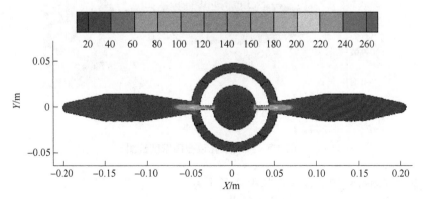

图 3-4　喷嘴及孔道截面速度云图

在 25~29.46MPa 范围内的储层。由于增压效果仅限于射孔孔道内，环空中流体压力仍为 25MPa（图 3-2），因此在无机械封隔的条件下，超临界二氧化碳射流可以实现定点、定向压裂。由于不需要环空封隔器及其他封隔装置，井下管柱可方便地起下及重新定位以进行多段压裂，有利于进一步缩短压裂目标层段的间隔及非生产时间（NPT），模拟分析结果充分验证了喷射压裂技术相较于传统环空直接憋压压裂方式的优势[7,27]。

3.2.2   二氧化碳单相射孔增压机理

East 等[20]利用伯努利方程解释水力喷射压裂过程中喷嘴与孔道轴线上压能与动能的转化关系：

$$\frac{V^2}{2} + \frac{P}{\rho} + gz = C \tag{3-20}$$

其含义为流线上动能、压能和重力势能之和为常量。结合图 3-3~图 3-5（密度云图），计算发现在几何模型中心轴线上，动能、压能和重力势能之和沿流动方向不能保持守恒，根据式（3-20）计算得到的二氧化碳射孔增压效果显著高于数值模拟结果，因此式（3-20）不适用于解释二氧化碳射孔增压过程涉及的动能和压能转化关系。这是因为水射流的喷嘴温降较小，而且温度的变化对水的物理性质和射流压力场影响都很微弱，可以忽略不计；但二氧化碳流经喷嘴时由于节流效应而剧烈温降，温度的显著变化会导致二氧化碳密度等物理性质的变化；二氧化碳还会在温差的作用下从固体壁面吸热，引入外来能量，二者综合作用，影响压力场的发展以及能量的转化。

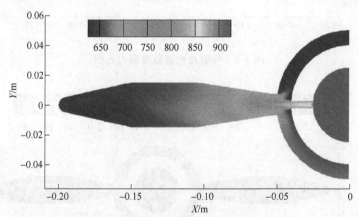

图 3-5   喷嘴及孔道截面密度云图

描述流动过程的能量方程其积分形式为

$$\Delta U + \Delta\left(\frac{mv^2}{2}\right) + \Delta(mgZ) = Q - V\Delta P \tag{3-21}$$

其物理意义是流体内能、动能和势能的变化等于吸热量减去对外做功。实际工况条件下，考虑流动压耗的伯努利方程可表示为

$$mg\left(Z_1 + \frac{P_1}{\rho g} + \frac{v_1^2}{2g}\right) = mg\left(Z_2 + \frac{P_2}{\rho g} + \frac{v_2^2}{2g} + h_f\right) \tag{3-22}$$

在射孔内当密度变化不大时，联立式（3-21）和式（3-22）可以得到：

$$\begin{cases} \Delta U = Q + mgh_f \\ \Delta U + \Delta\left(\dfrac{mv^2}{2}\right) + \Delta(mgZ) + V\Delta P = Q \end{cases} \tag{3-23}$$

式（3-23）的物理意义是：流动过程中流体内能变化等于吸热量与压耗生热量之和，即流动压耗也会转化为内能；内能、动能、势能和压能的总变化量等于吸热量，只有当流动历时较短吸热量可忽略时，能量方程才可简化为内能、动能、势能和压能之和为常量。

综合上述分析可知，超临界二氧化碳射孔增压流动过程中存在升温趋势。图 3-6 为流场温度云图，由于流场几何模型以及计算结果（图 3-2~图 3-4）沿 YZ 平面对称，因此取 1/2 截面以增大云图的清晰度。从图 3-6 可以看出，二氧化碳流经喷嘴时，因节流效应而剧烈温降；从喷嘴进入射孔孔道后，动能逐渐转化为压能和内能，流体温度逐渐又迅速升高，甚至超过孔道壁面温度；由于内能的增加，超临界二氧化碳从连续管内到达射孔尖端过程中会有比水射流更大的流动压降。

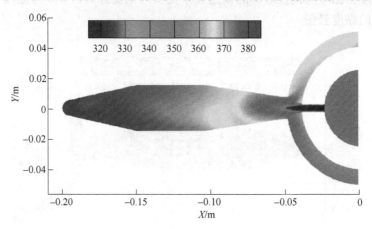

图 3-6　喷嘴及孔道截面温度云图

温度场的计算结果与理论分析结果相符，说明考虑内能的变化，从能量守恒的角度分析超临界二氧化碳射孔增压机理是正确可行的，这也进一步反映了二氧化碳物性参数与流场温度和压力的耦合关系。井壁围岩的物理力学性质受到环境温度影响，因此温度场的计算结果也为开展岩石物性测试提供了数据支撑。

图 3-7 为流场横截面内二氧化碳的热导率云图，热导率的分布规律主要影响热量在二氧化碳内部的传导效率。从图 3-7 可以看出，射流孔道内二氧化碳的热导率较低，不利于热量在流体内部的输运，因此射流孔道内存在较大的温度梯度（图 3-6）。

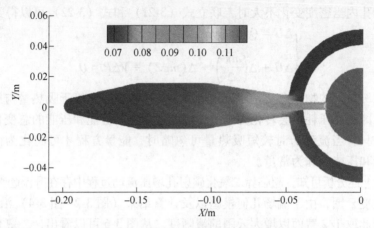

图 3-7 喷嘴及孔道截面热导率云图

超临界二氧化碳喷砂射孔压裂过程中需要关注砂砾在孔道内的运移规律，计算得到黏度云图可为调控砂砾的输运效果提供理论支撑。图 3-8 为流场横截面内二氧化碳的黏度云图。

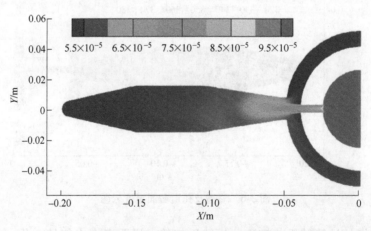

图 3-8 喷嘴及孔道截面黏度云图

综合图 3-4、图 3-5 和图 3-8 可以发现，射流孔道和环空中二氧化碳的密度、黏度和流速都较低，而且在环空中砂砾上返时重力做负功，易知在这些区域容易发生"砂堵"等复杂情况，后续需重点考察上述区域内的携砂流动效果。

3.2.3 二氧化碳单相射孔增压影响因素分析

实际工况条件下，流量、井下温度和环空回压等因素是影响二氧化碳射孔增压流场的主要因素，开展敏感性分析对于调控增压效果和携砂效果都具有重要的现实意义。

3.2.3.1 流量

图 3-9 为恒定温度和回压条件下，不同流量时对称轴线上的压力计算结果。可以看出，压力波动随流量的增大而增大，即增压效果随流量增大而增强，同时连续管内的流体压力也随流量增大而显著增大。结合 2.5 节的研究内容可知，二氧化碳流经喷嘴时的压力波动主要由体积流量决定，体积流量与质量流量呈正相关关系，因此质量流量越大则喷嘴压降越大，进而连续管内流体压力也越高；二氧化碳由环空进入孔道过程中，流量和流速越大则流体动能越大，将更多地转化为压能，所以孔道顶端的压力越高。研究结果表明，增大流量有利于增强增压效果和二氧化碳的携砂能力，但同时也会显著增大喷嘴压降和连续管的入口压力，进而对施工管柱的密封性和抗压性能提出更高要求。

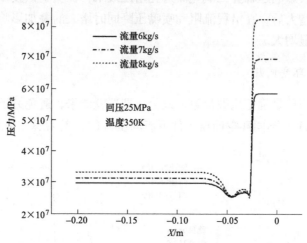

图 3-9 流量对压力曲线的影响

3.2.3.2 温度

井下流体温度主要取决于井深、地温梯度等客观因素，有必要考察其对增压效果的影响规律。图 3-10 为不同温度条件下增压效果的计算结果，可以看出，流体温度的变化基本不会影响孔道内压力曲线，即增压效果不受流体温度影响；但喷嘴压降和连续管入口压力会随流体温度升高而明显增大，原因是密度随温度的升高而降低，导致体积流量和喷嘴压降的升高。

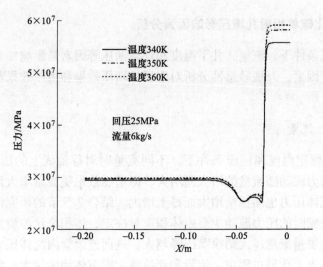

图 3-10 流体温度对压力曲线的影响

井下流体温度一般会与井深呈正相关关系，研究结果表明，井深、地温梯度等客观因素不会影响超临界二氧化碳射孔增压效果，证实了该技术具有较好的适用性；但井深增大后，在沿程流阻和喷嘴压降同时增大的叠加影响下，连续管入口压力会有明显增大。

3.2.3.3 环空回压

调控环空回压是确定压裂位置，改善压裂造缝效果，避免井下复杂的主要技术手段，图 3-11 为不同环空回压条件下流场压力的计算结果。从图 3-11 可以看

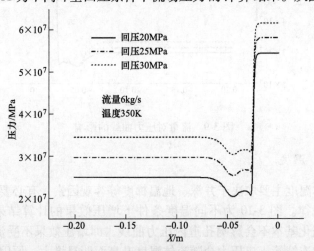

图 3-11 环空回压对压力曲线的影响

出，连续管内流体压力、环空压力和孔道内压力皆与环空回压近乎呈线性正相关关系，说明增大环空回压可以压开更为坚硬的地层，也更有利于改善携砂效果，但不会改变孔道内压力增幅。

3.3 与水力射孔增压效果的对比分析

本节将通过对比分析工作介质分别为二氧化碳和水时的射孔增压效果，来定量评价超临界二氧化碳射孔增压的技术特点。在相同质量流量和环空回压条件下，对称轴线上的压力分布如图 3-12 所示。可以看出，二氧化碳和水在此物理模型中流动时的压力变化趋势较为相似，流体由连续管进入喷嘴后，压力骤降；环空中流体压力变化减缓；由环空进入孔道后，流体压力先逐渐增大之后维持稳定。本例条件下，二氧化碳流动时的压力波动始终大于水流的压力波动，水力射孔的增压值为 3.71MPa，比二氧化碳射孔的增压值小 0.75MPa，即 20.2%，这与程宇雄等人[74]的研究结果相符，是超临界二氧化碳喷射压裂技术的一大优势。

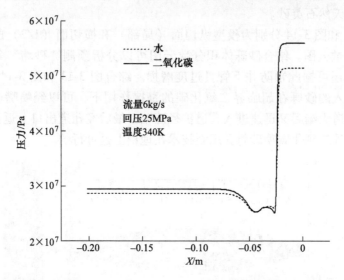

图 3-12 超临界二氧化碳射孔增压与水力射孔增压的压力曲线对比

当质量流量及环空回压相同时，流体的体积流量及其黏度是影响压力波动的潜在因素，而且压力波动的大小与流速和流体黏度呈正相关；二氧化碳的密度较小因而流速较大，虽然其黏度较小，但最终二氧化碳在孔道内的增压效果以及在喷嘴内的压降更为明显，说明流速是决定压力波动主导因素。

本文提出的数值模型考虑了内能变化对能量转化的影响，由于射流孔道内流体温度和内能逐渐增大，因此本书计算得到二氧化碳射孔增压效果相比已有的研究结果较小。此外还需注意的是，虽然二氧化碳射孔增压效果优于水射流，但是其连续管内的压力更高，因而实际施工时需要配套密封性能更好，加压能力更强的工具设备。

3.4 超临界二氧化碳喷砂射孔增压机理

水力喷射压裂过程中，会在射孔液中混入低浓度的砂砾以增强水射流的冲孔造缝能力[83]。受此启发，考察超临界二氧化碳喷砂射孔增压流场及其影响因素，以期为形成和发展超临界二氧化碳喷砂射孔压裂技术提供支撑。

3.4.1 二氧化碳喷砂射孔流场分析

参照文献 [83]、[109] 设置边界条件，其中二氧化碳的质量流量取 $4kg/s$，砂砾流量取 $0.1kg/s$，密度取 $1500kg/m^3$，球形砂砾的直径取 $0.3mm$，环空出口回压设为 $25MPa$，井底温度设为 $340K$。需要说明的是，新型轻质射孔砂和支撑剂的研制，很好地支撑了低黏压裂液体系的发展和应用，因此算例中砂砾的密度取值远小于天然石英砂。

图 3-13 和图 3-14 分别为模型纵切面（局部）和横切面（1/2）的砂砾（固相）体积分数云图。结合砂砾体积分数云图可以分析预测"砂堵"等复杂工况的易发区，还可据此预防井下管具过度磨损。综合图 3-13 和图 3-14 可以看出，连续管内混入的砂砾在超临界二氧化碳的裹挟作用下，可以经喷嘴进入射孔孔道，到达孔道尖端后又迅速进入孔道扩径区域，最后经孔道出口上返至环空，可见发展超临界二氧化碳喷砂射孔压裂技术在理论上是可行的。

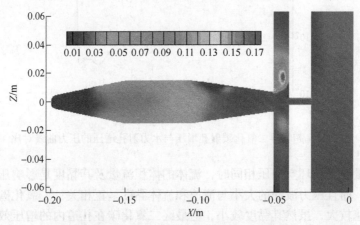

图 3-13　流场纵切面固相体积分数云图

由于环空底部是封闭的，砂砾进入环空后主要是随二氧化碳上返。本例条件下，两相间的密度差相对不大，加之射孔流场中的流速较高，因此环空底部未见

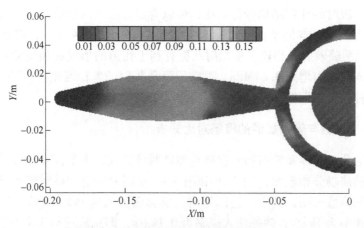

图 3-14 流场纵切面固相体积分数云图

明显的沉砂现象，可见重力做功对流场的影响相对较小，两相间的动量交换对流
场发展起主要作用。砂砾进入环空后会沿环空周向分散（图 3-14），使孔道出口
附近的固相浓度降低，有利于砂砾快速上返。但孔道出口附近砂砾体积分数最
高，仍将是砂堵的易发区。为了确保实际技术的安全应用，本书在第 5 章考察环
空中超临界二氧化碳携砂上返流动规律及其影响因素，以期更好地支撑实际技术
的发展。

3.4.2 与超临界二氧化碳单相射孔的对比分析

图 3-15 为两种工况条件下喷嘴及孔道对称轴线上的压力剖面。通过与二氧

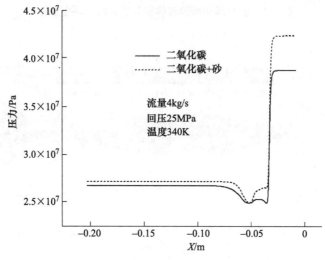

图 3-15 对称轴线上压力剖面对比图

化碳单相射流时的计算结果进行对比，可以看出，混入固相颗粒后可使孔道内部及尖端压力增大。本例条件下，孔道尖端压力多增大0.42MPa，增压效果提高21.0%，说明喷砂射孔相较于单相射孔更有利于孔道的形成和裂缝的扩展。但同时连续管入口压力增大3.64MPa，喷嘴压降升高25.7%，因此喷砂射孔压裂技术对施工管柱的密封性能和耐磨性能都提出了更高要求。

3.4.3 环空加砂与管内加砂的流场对比分析

喷砂射孔工艺涉及管内加砂和环空加砂两种方式，本节前半部分已分析了管内加砂时的流场分布规律，图3-16和图3-17分别为环空加砂时流场纵、横切面的固相体积分数云图。其中，连续管内二氧化碳注入速率为3kg/s，环空中二氧化碳注入速率为1kg/s，砂砾注入速率为0.1kg/s，即总流量与3.4.1节中的连续

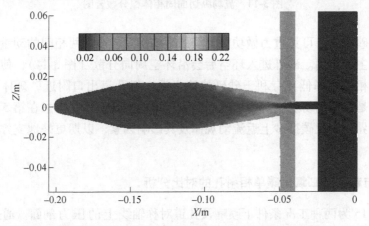

图3-16 流场纵切面固相体积分数云图（环空加砂）

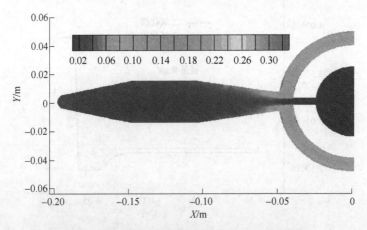

图3-17 流场横切面固相体积分数云图（环空加砂）

管加砂方式是相同的。因此，本例中连续管和环空都是流量入口，将射孔顶端设置为压力出口，其值与连续管喷砂射孔时的压力值相同（27.44MPa），表示地层裂缝和孔道在相同的压力条件下扩展。

综合两图可以看出，从连续管注入的二氧化碳可以将环空中的砂砾卷吸带入射孔内，并可将砂砾输送至孔道尖端部位。固相颗粒在孔道内的分布较连续管注入时更为均匀（图3-13和图3-14），有利于形成理想的铺砂效果。该方式的主要不足在于，孔道入口处砂砾浓度高，更易形成砂堵。

图3-18为两种加砂方式对应的对称轴线上压力剖面的计算结果。在两相总流量及孔道尖端目标压力都相同的条件下，从环空加砂可使连续管内压力（与入口泵压相对应）减小6.62MPa，减小比例为15.5%；但会使环空压力有所上升。整体上，从环空加砂可显著降低能耗，并且有利于维持管路的密封性。

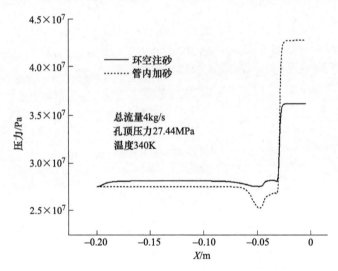

图3-18　对称轴线上压力剖面对比图

为研究确定超临界二氧化碳喷砂射孔增压时能量从井底到地层的输运过程，建立井筒流场调控和优化储层改造效果之间的联系，本章建立了描述二氧化碳输运固相流动的数值计算方法，探究了超临界二氧化碳单相及含砂时的射孔增压机理，并考察了增压效果的影响因素。通过对流场流态、传热、相间动量交换和二氧化碳物性参数的耦合计算，获得了以下认识：

（1）无须机械封隔条件下，超临界二氧化碳射流可实现定点、定向射孔增压，且增压效果优于水射流。

（2）超临界二氧化碳在射孔内的流动是增压生热过程，温度场的变化不可忽略；基于能量守恒原理解释了其中涉及的动能、势能、压能和内能的相互转化关系。

（3）二氧化碳单相射孔时，孔内增压效果和连续管入口压力皆随流量增大而增大；流体温度对增压效果影响甚微，证实超临界二氧化碳喷射压裂技术具有较好的适用性；孔道尖端压力和连续管入口压力皆与环空回压呈正相关关系，环空回压的变化不影响孔道内的压力增幅。

（4）在二氧化碳中混入 2.5% 的砂砾后，可使孔内增压效果提高 21.0%，但连续管入口压力也随之增大 25.7%；相比于管内加砂，采用环空加砂的方式有利于降低连续管入口压力和能耗，有利于砂砾在孔道内均匀铺置。

4 超临界二氧化碳压裂页岩的机理分析

开展超临界二氧化碳压裂页岩相关理论与技术研究的最终目的是优化储层改造，提高页岩气开发效率。前已述及，优化储层改造的主要技术手段是调控二氧化碳井筒流场（主要是排量和井口回压），在已研究确定流体压能从井底到地层的输运机制的基础上，本章将首先设计室内实验，测试超临界二氧化碳浸泡作用对页岩力学性质的影响规律；进而开展超临界二氧化碳压裂页岩的数值模拟研究。通过与清水压裂算例的对比分析来定量评价超临界二氧化碳的造缝能力，并考察工程因素对超临界二氧化碳压裂造缝效果的影响规律，进而研究结果可为调控井筒流场提供依据。

4.1 超临界二氧化碳浸泡作用对页岩力学性质的影响

压裂技术改造油气储层的本质是，储层岩石在外来流体作用下发生力学性能的变化，并在一定压力条件下变形失效进而形成裂缝。裂缝的起裂与扩展主要由岩体所处的应力状态和自身的物理力学性质决定[106,110~112]。压裂施工过程中，储层岩石因长时间浸泡于工作介质中而与其发生理化反应[113]，进而影响岩体的力学性质和起裂压力[114,115]。与传统水力压裂相比，超临界二氧化碳压裂技术的主要特点包括：超临界二氧化碳的密度较大，能够在压裂过程中提供足够高的井底压力；而且二氧化碳黏度较低，有利于压力在裂缝扩展方向上的传递；同时，超临界二氧化碳也更容易扩散进入岩石孔隙，受其浸泡作用影响，储层岩石物理力学性质可发生较大变化；超临界二氧化碳较强的滤失性能以及储层岩石物理力学性质的变化都将显著影响裂缝的起裂及扩展。因此有必要通过实验测试井下温度压力条件下，超临界二氧化碳浸泡作用对页岩力学性质的影响规律，为开展超临界二氧化碳压裂页岩气储层数值模拟计算提供基础数据支撑。

4.1.1 页岩岩样

岩样取自四川盆地重庆东南部露头的志留统龙马溪组，与中石化涪陵页岩气藏主产层属相同地质层位，为黑色炭质页岩。973 项目组统一利用 XRF（X 射线荧光）测试了页岩的化学成分（表 4-1）[116]。

测试结果显示，该页岩主要由石英（含量为 52%）、黏土矿物（绿泥石、伊利石和高岭石，总含量为27%）、方解石（含量为11%）与白云石（含量为9%）等矿物组成。

表4-1 页岩化学成分 XRF 测试结果

化学成分	质量分数/%	化学成分	质量分数/%	化学成分	质量分数/%
SiO_2	57.0	Al_2O_3	11.08	SO_3	9.06
CaO	5.71	Fe_2O_3	5.58	MgO	3.23
K_2O	3.07	BaO	2.38	Na_2O	1.32
TiO_2	0.86	P_2O_5	0.32	总计	99.61

按照国际岩石力学学会（ISRM）的推荐规定制备页岩岩心以备开展力学性质测试实验。页岩岩心直径取 25.4mm，长度取 50mm，并将岩心两端磨平以保证压碎岩心时外载可均匀施加。从外观看，页岩岩样层理不明显，横向均质性较好。所有岩样取自同一块岩体以减弱偶然因素的影响。贴好应变片的岩心如图 4-1所示。

图 4-1 贴好应变片的岩心

4.1.2 实验装置

课题组研制了如图 4-2 和图 4-3 所示的岩石力学性质测试系统，该装置可以模拟超临界二氧化碳射流和浸泡条件。测试系统主要由二氧化碳储罐、流体加压装置、流体加温装置、岩石力学性质测试装置、抽真空装置、地层流体模拟注入装置、边界参数采集控制系统组成，各装置由高压管线连接。

实验系统最高可将超临界二氧化碳压力加至 80MPa，最大气体流量可达74L/min。流体升温装置实际为一中间容器，最高可承受温度 300℃、压力80MPa，并设有温度、压力传感器。抽真空装置用于对岩石力学性质测试装置中

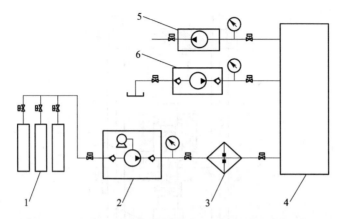

图 4-2 超临界二氧化碳影响岩石力学参数测试系统原理图
1—二氧化碳储罐；2—流体加压装置；3—流体加温装置；4—岩石力学性质测试装置；
5—抽真空装置；6—地层流体模拟注入装置

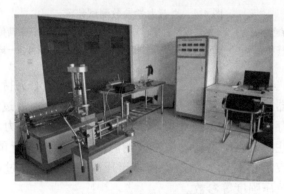

图 4-3 岩石力学参数测试系统实物图

的岩心夹持器进行抽真空。边界参数采集控制系统由自动控制装置、温度传感器、压力传感器、应变仪等组成，可实时调控流体压力、温度状态，并采集记录实验过程中流体的压力、温度和岩心的应变、受压载荷等数据。

岩石力学参数测试装置是测试系统中的核心装置，图 4-4 为测试装置原理图。其中载荷施加装置由液压伺服控制，可平稳地施加位移载荷，最大可提供 20t 的作用力，对应直径 25mm 的岩心约为 400MPa 的抗压强度，因此载荷可以满足压碎岩心的需求。经增压增温处理的二氧化碳可经压块上的喷嘴进入岩心夹持器，并在射流浸泡条件下与岩心发生物理化学反应。加热保温装置可保持岩心夹持器中的二氧化碳始终处于预定的温度值。载荷传感器可采集岩心轴向受压载荷，量程为 0~20t；结合应变片记录的数据可以计算得到岩心的抗压强度、弹性模量和泊松比。

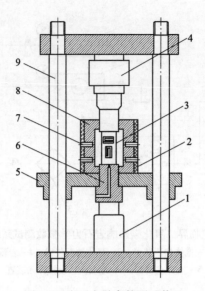

图 4-4 岩石力学参数测试装置

1—载荷施加装置；2—加热保温装置；3—带应变片的岩心；4—载荷传感器；
5—可移动支架；6—压块；7—传感器接入口；8—岩心夹持器；9—试验架

实验流程为：首先，将贴好应变片的页岩岩心放入岩心夹持器，通过抽真空设备把岩心夹持器抽真空；其次，打开数据采集控制系统，通过流体增压设备和升温设备把气体存储设备中的二氧化碳调制到实验所需的压力和温度状态；然后，把二氧化碳注入到岩心夹持器中，微调温度、压力后进行预定时间的浸泡；最后，在浸泡结束后逐渐增大轴向载荷直至压碎岩心，在此过程中可测得泊松比、弹性模量和抗压强度等参数。

4.1.3 测试结果

在压碎岩心的过程中，夹持器中仍维持着实验设定的浸泡压力，所以岩心实际承受的轴向载荷应该是实测载荷减去气体压力分担的载荷，易知气体压力分担的载荷与夹持器中气体压力呈线性正相关，并考虑到岩心直径和长度差异对强度测试的影响，修正后的抗压强度计算如下：

$$\sigma_s = \frac{8\sigma_L}{7 + 2\dfrac{d}{h}} = \frac{80\dfrac{T_r}{S}}{7 + 2\dfrac{d}{h}} = \frac{80(T_d - 0.0607P_g)}{S\left(7 + 2\dfrac{d}{h}\right)} \tag{4-1}$$

式中，σ_s 为修正后的岩心抗压强度；σ_L 为岩心的实际计算抗压强度；d、h 分别为岩心的直径和高度；T_r 为岩心轴向载荷；S 为岩心横截面积；T_d 为实测载荷；P_g 为浸泡压力。

在压力为 30MPa，温度为 333.15K 的条件下浸泡 2h 后，测试了超临界二氧化碳浸泡作用对页岩抗压强度、弹性模量和泊松比的影响规律。每个测试点测试三块岩心以减弱偶然因素对测试结果的影响。表 4-2 为弹性模量和泊松比的测试结果。

表 4-2 超临界二氧化碳浸泡作用对页岩物理力学性质的影响

标本编号	未浸泡			浸泡后		
	纵应变	泊松比	弹性模量/GPa	纵应变	泊松比	弹性模量/GPa
1	1211	0.25	61.25	287	0.09	86.27
2	1303	0.24	63.25	331	0.19	81.29
3	1257	0.28	65.34	306	0.18	83.41

从表 4-2 可以看出，超临界二氧化碳的浸泡作用使页岩的弹性模量显著增大，平均增幅为 32.2%；浸泡后页岩岩心的泊松比显著减小，平均减小 40.3%。可见超临界二氧化碳浸泡作用可显著影响页岩力学性质，整体上使页岩的脆性增强，塑性减弱。后续的压裂数值模拟中将会据此设置边界条件来评价超临界二氧化碳压裂技术的造缝能力，并将考察岩石力学性质变化对造缝效果的影响。

图 4-5 是页岩在不同浸泡时间后的抗压强度测试结果，可看出超临界二氧化碳浸泡作用可使页岩岩心抗压强度迅速降低，之后抗压强度的降低趋势逐渐减缓，反映出超临界二氧化碳可迅速渗入岩体，并与其发生物理化学反应，导致抗压强度的降低。

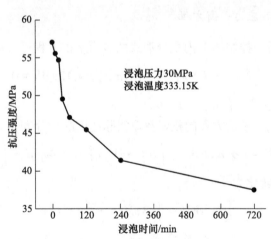

图 4-5 浸泡时间对页岩抗压强度的影响

4.2 超临界二氧化碳压裂页岩的数值模拟研究

实际压裂过程中，压裂液的滤失、浸泡和压力载荷作用不仅会导致储层岩石物理性质的变化（如 4.1 节所述），岩石物理性质的变化还将影响地层孔隙度、渗流以及孔隙压力，即流体渗流和岩石变形之间存在所谓的渗流-应力耦合[117,118]关系；除此之外，水力裂缝的扩展还将受到天然裂缝的干扰，但上述科学问题不是本书的研究重点。本书的研究目标在于认识和评价超临界二氧化碳压裂技术在页岩气储层中的造缝能力，为了便于模型求解，本书将实际物理过程进行如下简化：（1）假设储层岩体在水平方向上的物理力学性质是各向同性的；（2）忽略天然裂缝的存在对人工裂缝发展的干扰。上述简化与 4.1 节中页岩的赋存状态是相符的。

　　基于超临界二氧化碳浸泡作用影响页岩力学性质的测试结果，本节将利用 ABAQUS 有限元模拟软件分析超临界二氧化碳压裂页岩所涉及的渗流-应力耦合过程。通过与清水压裂的对比来评价超临界二氧化碳的造缝能力，并将考察超临界二氧化碳的排量、黏度、滤失以及岩石物性参数的变化对造缝效果的影响规律。

4.2.1　数学模型

　　采用广泛应用的 Drucker-Prager 硬化准则来描述岩石多孔介质在压裂过程中的渗流-应力耦合[118]过程，描述这一过程的控制方程组主要包括多孔介质（岩石）应力平衡方程和压裂液渗流连续性方程。

4.2.1.1　岩石应力平衡方程

　　模型离散化后，控制体 V 内积分形式的应力平衡方程可表示为

$$\int_V (\sigma_{ij,j} + f_i) \delta v_i \mathrm{d}V - \int_{S_\sigma} (\sigma_{ij} n_j - t_i) \delta v_i \mathrm{d}S = 0 \tag{4-2}$$

式中，S_σ 为载荷边界，有 $\sigma_{ij} n_j - t_i = 0$。

　　在位移边界上，平衡方程的权函数取实际速度的变分 $\delta v_i = 0$，则有

$$\int_V \sigma_{ij,j} \delta v_i \mathrm{d}V = \int_S \sigma_{ij} n_j \delta v_i \mathrm{d}S - \int_V \sigma_{ij} \delta v_i \mathrm{d}V = \int_{S_\sigma} \sigma_{ij} n_j \delta v_i \mathrm{d}S - \int_V \sigma_{ij} \delta v_{i,j} \mathrm{d}V \tag{4-3}$$

则式（4-2）转化为

$$\int_V \delta \dot{\boldsymbol{\varepsilon}}^{\mathrm{T}} \boldsymbol{\sigma} \mathrm{d}V = \int_{S_\sigma} \delta \boldsymbol{v}^{\mathrm{T}} \boldsymbol{t} \mathrm{d}S + \int_V \delta \boldsymbol{v}^{\mathrm{T}} \hat{\boldsymbol{f}} \mathrm{d}V \tag{4-4}$$

式中，$\boldsymbol{\sigma}$ 为有效应力，在渗流-应力耦合条件下，有效应力可由下式确定：

$$\bar{\boldsymbol{\sigma}} = \boldsymbol{\sigma} + p_{\mathrm{w}} \boldsymbol{m} \tag{4-5}$$

式中，$\bar{\boldsymbol{\sigma}}$ 为有效应力矩阵；p_{w} 为流体孔隙压力；$\boldsymbol{m} = [1,\ 1,\ 1,\ 0,\ 0,\ 0]^{\mathrm{T}}$。

　　有效应力的矩阵表达式可以写为

$$\bar{\boldsymbol{\sigma}} = \boldsymbol{D}\bar{\boldsymbol{\varepsilon}} + \bar{\boldsymbol{\sigma}}_0 = \boldsymbol{D}\left(\boldsymbol{\varepsilon} + \frac{p_{\mathrm{w}} - p_{\mathrm{w}}^0}{3K_{\mathrm{g}}}\boldsymbol{m}\right) + \bar{\boldsymbol{\sigma}}_0 = \boldsymbol{D}\boldsymbol{\varepsilon} + \frac{\boldsymbol{D}\boldsymbol{m}}{3K_{\mathrm{g}}}p_{\mathrm{w}} - \frac{\boldsymbol{D}\boldsymbol{m}}{3K_{\mathrm{g}}}p_{\mathrm{w}}^0 + \bar{\boldsymbol{\sigma}}_0 \tag{4-6}$$

式中，$\boldsymbol{D}$ 为弹塑性矩阵；$\bar{\boldsymbol{\varepsilon}}$ 为有效应力矩阵；K_g 为多孔介质固体骨架的体积模量；p_w^0 为流体的初始孔隙压力；$\bar{\boldsymbol{\sigma}}_0$ 为初始有效应力矩阵。

定义如下函数

$$\boldsymbol{u} = \boldsymbol{N}\boldsymbol{u}^e, \boldsymbol{\varepsilon} = \tilde{\boldsymbol{B}}\boldsymbol{u}^e, \dot{\boldsymbol{\varepsilon}} = \boldsymbol{B}\frac{d\boldsymbol{u}^e}{dt}, \delta\dot{\boldsymbol{\varepsilon}}^T = \delta\left(\frac{d\boldsymbol{u}^e}{dt}\right)^T\boldsymbol{B}^T, v = \boldsymbol{N}\frac{d\boldsymbol{u}^e}{dt}, \delta\boldsymbol{v}^T = \delta\left(\frac{d\boldsymbol{u}^e}{dt}\right)^T\boldsymbol{N}^T \tag{4-7}$$

则式（4-4）可转化为

$$\int_V \boldsymbol{B}^T\boldsymbol{\sigma}dV = \int_{S_\sigma} \boldsymbol{N}^T\boldsymbol{t}dS + \int_V \boldsymbol{N}^T\hat{\boldsymbol{f}}dV \tag{4-8}$$

对式（4-8）取微分，得到

$$d\int_V \boldsymbol{B}^T\boldsymbol{\sigma}dV = d\int_{S_\sigma} \boldsymbol{N}^T\boldsymbol{t}dS + d\int_V \boldsymbol{N}^T\boldsymbol{f}dV + d\int_V \boldsymbol{N}^T\rho_w n_w dV \tag{4-9}$$

结合有限变形效应可知

$$d\int_V \boldsymbol{B}^T\boldsymbol{\sigma}dV = d\int_{V^0} \boldsymbol{B}^T\boldsymbol{\sigma}dV^0 = \int_{V^0} d(\boldsymbol{B}^T\boldsymbol{\sigma}J)dV^0 = \int_{V^0}[\boldsymbol{B}^T d(J\boldsymbol{\sigma}) + (d\boldsymbol{B}^T)J\boldsymbol{\sigma}]dV^0$$

$$= \int_V\left[\frac{1}{J}\boldsymbol{B}^T d(J\boldsymbol{\sigma}) + (d\boldsymbol{B}^T)\boldsymbol{\sigma}\right]dV d\int_V \boldsymbol{N}^T\rho_w n_w g dV \tag{4-10}$$

$$= d\int_{V^0} \boldsymbol{N}^T\rho_w n_w g J dV^0 = \int_V \frac{1}{J}\boldsymbol{N}^T g d(J\rho_w n_w)dV \tag{4-11}$$

综合式（4-10）和式（4-11），可将式（4-9）转化为

$$\int_V\left[\frac{1}{J}\boldsymbol{B}^T d(J\boldsymbol{\sigma}) + (d\boldsymbol{B}^T)\boldsymbol{\sigma}\right]dV$$

$$= \int_V \frac{1}{J}\boldsymbol{N}^T g d(J\rho_w n_w)dV + \int_{S_\sigma} \boldsymbol{N}^T\boldsymbol{t}dS + \int_V \boldsymbol{N}^T d\boldsymbol{f}dV \tag{4-12}$$

不妨假设储层岩石处于完全饱和状态，忽略吸附水和热效应对多孔介质骨架变形的影响，则有

$$\frac{\rho_g}{\rho_g^0} = \frac{1}{J_g} = 1 + \frac{1}{K_g}\left(p_w + \frac{\bar{p}}{1 - n_w}\right) \tag{4-13}$$

式中，ρ_g、ρ_g^0 分别为变形后和初始的岩石骨架的密度；$\bar{p}$ 为作用于岩石骨架上的平均有效应力值，即 $\bar{p} = \frac{1}{3}\boldsymbol{m}^T\bar{\boldsymbol{\sigma}}$。

由式（4-13）可得

$$n_w = 1 + \frac{\bar{p}}{K_g} + \frac{1}{J}(1 - n^0)\left(\frac{p_w}{K_g} - 1\right) \tag{4-14}$$

又由 $\rho_w = \rho_w^0\left(1 + \frac{p_w}{K_w}\right)$ 可得：

$$J\rho_w n_w = \rho_w^0 \left(1 + \frac{p_w}{K_w}\right) \left[J + \frac{Jm^T\overline{\sigma}}{3K_g} + (1-n^0)\left(\frac{p_w}{K_g} - 1\right)\right] \tag{4-15}$$

式中，K_w 为流体体积模量。

由于岩体上平均有效应力值不随其转动而变化，则有

$$d(J\overline{p}) = \frac{1}{3}d(Jm^T\overline{\sigma}) = \frac{1}{3}Jm^TDd\varepsilon + \frac{J}{9K_g}m^TDmdp_w \tag{4-16}$$

联立式（4-15）和式（4-16）可得

$$d(J\rho_w n_w) = \frac{\rho_w^0}{K_w}(dp_w)\left[J + \frac{Jm^T\overline{\sigma}}{3K_g} + (1-n^0)\left(\frac{p_w}{K_g} - 1\right)\right] + \rho_w^0\left(1 + \frac{p_w}{K_w}\right) \cdot$$

$$\left[Jm^Td\varepsilon + Jm^T(d\varepsilon)\frac{m^T\overline{\sigma}}{3K_g} + \frac{Jm^TD}{3K_g}d\varepsilon + \frac{Jm^TDm}{9K_g^2}dp_w + \frac{1-n^0}{K_g}dp_w\right]$$

$$\tag{4-17}$$

4.2.1.2　压裂液渗流连续性方程

由质量守恒可知，单位时间内体积 V 中流体的质量变化等于通过其表面进入控制体的流体质量，即

$$\frac{d}{dt}\int_V \rho_w n_w dV = \int_V \frac{1}{J}\frac{d}{dt}(J\rho_w n_w)dV = -\int_S \rho_w n_w n^T \cdot v_w dS \tag{4-18}$$

根据高斯公式对连续性方程取微分，得到：

$$\frac{1}{J}\frac{d}{dt}(J\rho_w n_w) + \frac{\partial}{\partial x}(\rho_w n_w v_w) = 0 \tag{4-19}$$

根据达西定律，多孔介质中的流体流动方程如下

$$v_w = -\frac{1}{n_w g \rho_w}\kappa \cdot \left(\frac{\partial p_w}{\partial x} - \rho_w g\right) \tag{4-20}$$

式中，κ 为渗透率系数；g 为重力加速度矢量。

将式（4-17）和式（4-20）代入式（4-19），可以得到：

$$C \equiv \rho_w^0\left(1 + \frac{p_w}{K_w}\right)\left[Jm^T + \frac{Jm^T\overline{\sigma}m^T}{3K_g} + \frac{Jm^TD}{3K_g}\right]\frac{d\varepsilon}{dt} + \left[\frac{\rho_w^0 J}{K_w} + \frac{J\rho_w^0 m^T\overline{\sigma}}{3K_gK_w} + \right.$$

$$\frac{\rho_w^0}{K_w}(1-n^0)\left(\frac{p_w}{K_g} - 1\right) + \frac{Jm^TDm}{9K_g^2} + \frac{1-n^0}{K_g}\right]\frac{dp_w}{dt} - \frac{JK}{g}\frac{\partial^2 p_w}{\partial x^2} + \frac{\rho_w^0 Jkg}{gK_w}\frac{\partial p_w}{\partial x} = 0$$

$$\tag{4-21}$$

结合物理实际，连续性方程的定解条件为

$$F = \begin{cases} -\dfrac{\boldsymbol{n}^{\mathrm{T}}}{n_{\mathrm{w}}g\rho_{\mathrm{w}}}k\left(\dfrac{\partial p_{\mathrm{w}}}{\partial x} - \rho_{\mathrm{w}}g\right) - \bar{\boldsymbol{q}} = 0 & （在 S_{\mathrm{q}} 上） \\ p_{\mathrm{w}} - \bar{p}_{\mathrm{w}} = 0 & （在 S_{p_{\mathrm{w}}} 上） \end{cases} \tag{4-22}$$

式中，$\bar{\boldsymbol{q}}$ 为单位面积载荷边界面上的流体体积流量矢量；$\bar{p}_{\mathrm{w}}$ 为压力边界条件下的流体孔隙压力。

将定解条件赋值到整个载荷边界，并对整个控制体 V 应用连续性方程，有

$$\int_V aC\mathrm{d}V + \int_{S_{\mathrm{q}}} bF\mathrm{d}S = 0 \tag{4-23}$$

式中，a 和 b 可代表任意函数。

将式（4-21）和式（4-22）代入式（4-23），可得

$$\int_V a\left\{\rho_{\mathrm{w}}^0\left(1 + \frac{p_{\mathrm{w}}}{K_{\mathrm{w}}}\right)\left[\boldsymbol{J}\boldsymbol{m}^{\mathrm{T}} + \frac{\boldsymbol{J}\boldsymbol{m}^{\mathrm{T}}\overline{\boldsymbol{\sigma}}\boldsymbol{m}^{\mathrm{T}}}{3K_{\mathrm{g}}} + \frac{\boldsymbol{J}\boldsymbol{m}^{\mathrm{T}}\boldsymbol{D}}{3K_{\mathrm{g}}}\right]\frac{\mathrm{d}\varepsilon}{\mathrm{d}t} + \left[\frac{\rho_{\mathrm{w}}^0\boldsymbol{J}}{K_{\mathrm{w}}} + \frac{\boldsymbol{J}\rho_{\mathrm{w}}^0\boldsymbol{m}^{\mathrm{T}}\overline{\boldsymbol{\sigma}}}{3K_{\mathrm{g}}K_{\mathrm{w}}} + \right.$$

$$\left. \frac{\rho_{\mathrm{w}}^0}{K_{\mathrm{w}}}(1 - n^0)\left(\frac{p_{\mathrm{w}}}{K_{\mathrm{g}}} - 1\right) + \frac{\boldsymbol{J}\boldsymbol{m}^{\mathrm{T}}\boldsymbol{D}\boldsymbol{m}}{9K_{\mathrm{g}}^2} + \frac{1 - n^0}{K_{\mathrm{g}}}\right]\frac{\mathrm{d}p_{\mathrm{w}}}{\mathrm{d}t} - \frac{JK}{g}\frac{\partial^2 p_{\mathrm{w}}}{\partial x^2} + \frac{\rho_{\mathrm{w}}^0 Jkg}{gK_{\mathrm{w}}}\frac{\partial p_{\mathrm{w}}}{\partial x}\right\}\mathrm{d}V +$$

$$\int_{S_{\mathrm{q}}} b\left[-\frac{\boldsymbol{n}^{\mathrm{T}}}{n_{\mathrm{w}}g\rho_{\mathrm{w}}}k\left(\frac{\partial p_{\mathrm{w}}}{\partial x} - \rho_{\mathrm{w}}g\right) - \bar{\boldsymbol{q}}\right]\mathrm{d}S = 0$$

$$\tag{4-24}$$

根据格林定理可知

$$\int_V a\frac{\partial^2 p_{\mathrm{w}}}{\partial x^2}\mathrm{d}V = \oint_S a\frac{\partial p_{\mathrm{w}}}{\partial x}\boldsymbol{n}^{\mathrm{T}}\mathrm{d}S - \int_V \frac{\partial a}{\partial x}\frac{\partial p_{\mathrm{w}}}{\partial x}\mathrm{d}V \tag{4-25}$$

则式（4-24）可转化为

$$\int_V a\left\{\rho_{\mathrm{w}}^0\left(1 + \frac{p_{\mathrm{w}}}{K_{\mathrm{w}}}\right)\left[\boldsymbol{J}\boldsymbol{m}^{\mathrm{T}} + \frac{\boldsymbol{J}\boldsymbol{m}^{\mathrm{T}}\overline{\boldsymbol{\sigma}}\boldsymbol{m}^{\mathrm{T}}}{3K_{\mathrm{g}}} + \frac{\boldsymbol{J}\boldsymbol{m}^{\mathrm{T}}\boldsymbol{D}}{3K_{\mathrm{g}}}\right]\frac{\mathrm{d}\varepsilon}{\mathrm{d}t} + \left[\frac{\rho_{\mathrm{w}}^0\boldsymbol{J}}{K_{\mathrm{w}}} + \frac{\boldsymbol{J}\rho_{\mathrm{w}}^0\boldsymbol{m}^{\mathrm{T}}\overline{\boldsymbol{\sigma}}}{3K_{\mathrm{g}}K_{\mathrm{w}}} + \right.$$

$$\left. \frac{\rho_{\mathrm{w}}^0}{K_{\mathrm{w}}}(1 - n^0)\left(\frac{p_{\mathrm{w}}}{K_{\mathrm{g}}} - 1\right) + \frac{\boldsymbol{J}\boldsymbol{m}^{\mathrm{T}}\boldsymbol{D}\boldsymbol{m}}{9K_{\mathrm{g}}^2} + \frac{1 - n^0}{K_{\mathrm{g}}}\right]\frac{\mathrm{d}p_{\mathrm{w}}}{\mathrm{d}t} + \frac{JK}{g}\frac{\partial a}{\partial x}\frac{\partial p_{\mathrm{w}}}{\partial x} + \frac{\rho_{\mathrm{w}}^0 Jkg}{gK_{\mathrm{w}}}\frac{\partial p_{\mathrm{w}}}{\partial x}\right\}\mathrm{d}V -$$

$$\frac{JK}{g}\oint_S a\frac{\partial p_{\mathrm{w}}}{\partial x}\boldsymbol{n}^{\mathrm{T}}\mathrm{d}S - \int_{S_{\mathrm{q}}} b\left[-\frac{\boldsymbol{n}^{\mathrm{T}}}{n_{\mathrm{w}}g\rho_{\mathrm{w}}}k\left(\frac{\partial p_{\mathrm{w}}}{\partial x} - \rho_{\mathrm{w}}g\right) + \bar{\boldsymbol{q}}\right]\mathrm{d}S = 0$$

$$\tag{4-26}$$

在式（4-26）中引入有效应力矩阵可得

$$\int_V a \left\{ \rho_w^0 \left(1 + \frac{p_w}{K_w} \right) \left[Jm^T + \frac{Jm^T D\varepsilon m^T}{3K_g} + \frac{Jm^T Dm(p_w - p_w^0)}{9K_g^2} + \frac{Jm^T \overline{\sigma}^0 m^T}{3K_g} + \frac{Jm^T D}{3K_g} \right] \frac{d\varepsilon}{dt} + \right.$$

$$\left[\frac{\rho_w^0 J}{K_w} + \frac{J\rho_w^0}{K_w} \left(\frac{m^T D\varepsilon}{3K_g} + \frac{m^T Dm(p_w - p_w^0)}{9K_g^2} + \frac{m^T \overline{\sigma}^0}{3K_g} \right) + \frac{\rho_w^0}{K_w} (1 - n^0) \left(\frac{p_w}{K_g} - 1 \right) + \frac{Jm^T Dm}{9K_g^2} + \right.$$

$$\left. \frac{1 - n^0}{K_g} \right] \frac{dp_w}{dt} \right\} dV + \int_V a \left(\frac{Jk}{g} \frac{\partial a}{\partial x} \frac{\partial p_w}{\partial x} + \frac{p_w^0 Jkg}{gK_w} \frac{\partial p_w}{\partial x} \right) dV - \int_{S_q} aJ \left\{ \frac{n^T kg}{g} - \rho_w^0 \left(1 + \frac{p_w}{K_w} \right) \cdot \right.$$

$$\left. \left[\overline{q} + \frac{\overline{q} m^T \overline{\sigma}}{3K_g} + \frac{\overline{q}(1 - n^0)}{J} \left(\frac{p_w}{K_g} - 1 \right) \right] \right\} dS = 0$$

$$(4-27)$$

4.2.1.3 Cohesive 单元内聚力模型

近年来，学者广泛采用 cohesive 单元内聚力模型来模拟储层岩石中裂缝的起裂和扩展过程[119,120]以及流体沿裂缝的切向流动和法向滤失。

在发生损伤之前，cohesive 单元的应力和应变关系可用 traction-separation 线弹性关系描述：

$$t = \begin{Bmatrix} t_n \\ t_s \\ t_t \end{Bmatrix} = K\varepsilon = \begin{bmatrix} K_{nn} & K_{ns} & K_{nt} \\ K_{ns} & K_{ss} & K_{st} \\ K_{nt} & K_{st} & K_{tt} \end{bmatrix} \begin{Bmatrix} \varepsilon_n \\ \varepsilon_s \\ \varepsilon_t \end{Bmatrix} \tag{4-28}$$

式中，t 为应力矢量；K 为单元刚度矩阵；ε 的三个分量计算公式如下

$$\varepsilon_n = \frac{d_n}{T_0}, \varepsilon_s = \frac{d_s}{T_0}, \varepsilon_t = \frac{d_t}{T_0} \tag{4-29}$$

式中，d_n 为法向位移；d_s 和 d_t 为切向位移；T_0 为单元厚度，在处理材料损伤问题时，T_0 一般设为 1。

cohesive 单元损伤包括裂缝起裂、损伤演化以及单元失效后处理三个阶段。其中，判断 cohesive 单元裂缝起裂的准则包括应力起裂准则和应变起裂准则两种。本书采用二次应力失效准则来判断裂缝起裂，其物理意义是当三个方向承受的应力与临界应力之比的平方和达到 1 时，cohesive 单元失效，裂缝起裂，其数学表达式为

$$\left(\frac{t_n}{t_n^o} \right)^2 + \left(\frac{t_s}{t_s^o} \right)^2 + \left(\frac{t_t}{t_t^o} \right)^2 = 1 \tag{4-30}$$

式中，t_n 为法向应力分量；t_s 和 t_t 为切向应力分量。

cohesive 单元裂缝损伤演化（扩展）包括法向和切向两种形式。有限元软件主要采用基于应力模式和基于能量模式的方法给出裂缝的扩展准则。本书采用基于能量模式的 B-K 准则定义裂缝的扩展形式，其数学表达式为

$$G_n^C + (G_s^C - G_n^C)\left(\frac{G_s^C + G_t^C}{G_n^C + G_s^C + G_t^C}\right)^\eta = G^C \tag{4-31}$$

式中，G_n^C 为法向断裂能；G_s^C 和 G_t^C 为两个切向断裂能。

cohesive 单元内压裂液的流动包括沿单元平面的切向流动和垂直于单元平面的渗流两种形式，如图 4-6 所示。

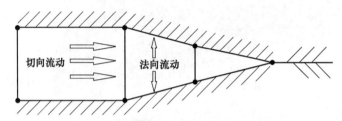

图 4-6 cohesive 单元内流体流动

采用牛顿公式计算压裂液在 cohesive 单元内的切向流动，计算式为

$$q = \frac{t^3}{12\mu}\nabla P \tag{4-32}$$

式中，q 为压裂液体积流量；t 为单元扩展尺寸；μ 为压裂液黏度系数；P 为单元内的静液压力。

cohesive 单元内的法向流动即实际压裂过程中的滤失现象，在有限元软件中的计算式为

$$\begin{cases} q_t = c_t(P_i - P_t) \\ q_b = c_b(P_i - P_b) \end{cases} \tag{4-33}$$

式中，q_t 和 q_b 分别为通过 cohesive 单元上、下表面的滤失流量；c_t 和 c_b 分别为上、下表面的压裂液滤失系数；P_i 为单元内的流体压力；P_t 和 P_b 分别为上、下层孔隙压力。

4.2.2 与清水压裂算例的对比分析

在已充分认识二氧化碳传热、流动规律及流场控制方法的基础上，二氧化碳的造缝能力也是储层改造过程中研究人员和工程技术人员关注的重要问题。本节将通过与清水压裂算例的对比分析，来定量评价超临界二氧化碳的造缝能力，并结合造缝过程以及二氧化碳对岩石力学性质的影响，分析两种流体造缝能力有所差异的原因。

结合工程实际，建立如图 4-7 所示的物理模型。其中，储层为各向同性的均质页岩，上、下面被渗透率更小的泥岩覆盖。为了提高计算效率，取实际物理模型的 $1/2$，物理模型的直径为 400m，井眼直径 0.216m，目的层的顶底深度分别为 2005m 和 2020m。裂缝的扩展平面预设为垂直于最小水平主应力方向。预定义

的裂缝扩展面选用 cohesive 单元，则网格划分为 COH3D8P；上、下泥岩盖层和储层岩石的其他部分划分为 C3D8RP 网格；套管划分为 M3D4 网格。

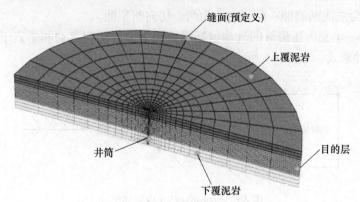

图 4-7 几何模型及网格划分

边界条件中，参照表4-2设置页岩的物理力学性质，即清水压裂时岩石的弹性模量取 63.3GPa，二氧化碳时取 83.6GPa，裂缝扩展临界能量释放率均设为 $G_n^C = G_s^C = G_t^C = 28N/mm$。工作液的排量均设定为 2.4m³/min；实际过程中，二氧化碳压裂液的黏度与井下的温度、压力条件相关，并可结合实际对二氧化碳压裂液进行增黏[121]，但其黏度仍将远低于传统水基压裂液，也比清水的黏度更低。表4-2 对应的压力 30MPa 和温度 333.15K 的实验条件下，二氧化碳的黏度约为 8.5× 10^{-2}MPa·s，清水的黏度取 1MPa·s。目前，针对超临界二氧化碳压裂过程中滤失系数的研究尚未见报道。基于初步的实验探索，本例中将二氧化碳在裂缝面的滤失系数设置为 5.879×10^{-4}m/min$^{1/2}$，清水的滤失系数取默认值 5.879×10^{-10}m/min$^{1/2}$。设置压裂时间为 2h。

利用 ABAQUS 提供的外部程序接口引入利用 Fortran 语言编写的子程序，以设置地层的初始应力场和渗流场，表4-3给出了子程序及其功能。前已述及，本例中假设储层岩石在水平方向上是各向同性的，因此地层初始孔隙压力等参数可简化为仅与垂深有关的函数。在 DISP 子程序的设置中，取地层流体充满岩石孔隙且岩石孔隙相互连通（即岩石处于完全饱和状态），初始流体密度 ρ_w^0 取 1170kg/m³，进而本例中初始孔隙压力的计算式可简化为

$$p_w^0 = \rho_w^0 gZ \tag{4-34}$$

式中，g 为重力加速度，m/s²；Z 为地层垂直深度，m。

初始最大水平主应力 σ_1^0（单位：Pa）的计算式取

$$\sigma_1^0 = -(2.75 \times 10^6 + 1.625 \times 10^3 \times |Z| - \rho_w^0) \tag{4-35}$$

式中，$|Z|$ 为地层垂直深度值。

最小水平主应力 σ_2^0 取最大水平主应力 σ_1^0 的 0.94 倍。地层孔隙度取 0.19。

表 4-3　子程序及其功能

子　程　序	功　　能
DISP	定义初始孔隙压力
SIGINI	定义初始应力场
UPOREP	定义渗流场
VOIDRI	定义孔隙度
UFLUIDLEAKOFF	定义裂缝滤失系数

表 4-4 给出了二氧化碳和清水两种压裂介质的造缝能力对比计算结果。对比可见，由于二氧化碳和清水物理性质的差异，及其对岩石力学性质的不同影响，两种工作介质的造缝效果有较大差距。本例条件下，以二氧化碳作为工作介质压裂页岩时，缝长比清水压裂时的大 25.3%，但缝宽仅为清水压裂时的 40.8%，即二氧化碳压裂有利于形成更长、更窄的"狭长"裂缝。

表 4-4　二氧化碳和清水的造缝能力对比计算结果

工作介质	黏度/MPa·s	滤失系数/m·min$^{-1/2}$	岩石弹性模量/GPa	缝长/m	缝宽/mm
二氧化碳	8.5×10^{-2}	5.879×10^{-4}	83.6	30.7	2
清水	1	5.879×10^{-10}	63.3	24.5	4.9

造成二氧化碳压裂和清水压裂造缝效果有所差异的内在原因可结合裂缝的扩展过程进行阐述。图 4-8 为裂缝不同发展阶段对应的 Mises 应力云图变化过程。可以看出，在流体压力作用下，裂缝尖端存在应力集中，当法向应力和两个切向应力达到二次应力失效准则后，裂缝开始起裂（a 处）。在裂缝扩展阶段，低黏度的压裂液（二氧化碳）较容易地渗透到裂缝周围的岩体，使孔隙压力增大并抵消部分有效应力，所以裂缝面周围的有效应力有所降低（b 处）；垂直于裂缝表面的方向上，距离裂缝面较远的区域，滤失作用的影响减弱，岩体受变形挤压而导致有效应力比初始状态大；在缝内流体压力以及孔隙压力和有效应力的综合作用下，裂缝的宽度最终停止发展。在裂缝长度方向上，受滤失作用和流动压耗的影响，裂缝尖端的应力随缝长增大而减小，当三向应力不能再达到二次失效准则后，裂缝停止起裂扩展，最终形成了楔形缝（c 处）。

图 4-9 为裂缝不同发展阶段对应的孔隙压力云图变化过程。可以看出，在裂缝起裂扩展的初始阶段，裂缝尖端附近（a 处）的孔隙压力为最大值，这是因为压裂液沿缝隙流动至尖端处后，部分动压转化为静压，使裂缝内尖端处的流体静压力达到最高（第 3 章研究结果）；而且由于二氧化碳无表面张力，在岩体中的滤失系数较大，进而更多的压裂液在较大压差作用下通过滤失进入缝面周围岩体，导致孔隙压力升高。裂缝继续沿垂直于最小水平主应力方向扩展，在已形成

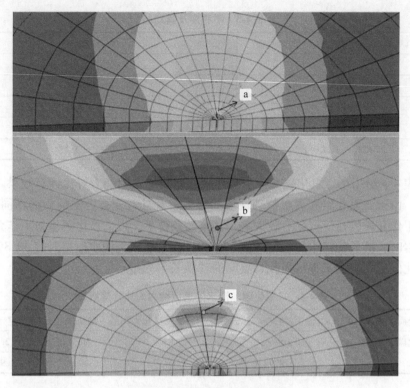

图 4-8 Mises 应力云图时序变化

的缝面周围，压裂液沿缝长向前流动，静压下降，进而滤失作用减弱；同时缝面周围岩体内孔隙压力向垂直于缝面的方向传递，导致缝面周围（b 处）的孔隙压力有所下降，即小于裂缝尖端附近的孔隙压力。当裂缝停止扩展后，裂缝内压裂液的流动减缓至滤失速度，导致沿缝长方向的静压梯度相应地减小，进而在该方向上滤失速率的差值也会减小，最终裂缝周围岩体内的孔隙压力在裂缝长度方向上相差不大，而仅在垂直缝面方向上存在较为明显的孔隙压力梯度（c 处）。

通过分析压裂过程中应力云图和孔隙压力云图的时序变化可以看出，工作介质的黏度、滤失性能以及岩体自身的力学性质是影响造缝效果的主要因素。与清水相比，二氧化碳的黏度较低，有利于减小流体压能在裂缝内输运时的损耗，进而有利于缝长和缝宽的发展；二氧化碳的滤失系数较大，进而流体压能的耗散较快，不利于缝长和缝宽的发展；经二氧化碳浸泡作用后，页岩自身的弹性模量增大（4.1 节结果），脆性增强，有利于缝长的快速发展，但会抑制缝宽的发展（4.2.3 节还将专门考察岩体弹性模量对二氧化碳造缝效果的影响规律）。在上述因素的综合作用下，最终二氧化碳压裂页岩时产生了比清水压裂更长、更窄的"狭长"楔形裂缝。相比于清水压裂，超临界二氧化碳压裂页岩气储层有利于

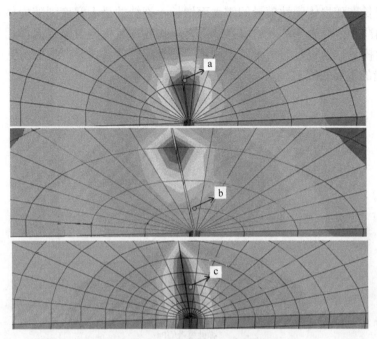

图 4-9　孔隙压力云图时序变化

增大缝隙波及面积，但是不利于提高裂缝的导流能力。由于超临界二氧化碳压裂中不存在储层伤害，所以较窄的裂缝也可满足储层改造的要求。

4.2.3　影响因素分析

超临界二氧化碳喷射压裂技术通常与多段压裂技术相结合以更经济有效地提高储层改造效率。每次改造储层所形成的裂缝形态，尤其是缝长和缝宽，都会影响最终的储层改造效果。由于裂缝形态主要受施工参数和储层岩体的物理力学性质的影响，为此，本节将基于超临界二氧化碳压裂页岩工况条件的特殊性，考察岩石弹性模量、压裂液滤失系数、压裂液排量和压裂液黏度的变化对裂缝形态的影响规律，以期通过分析模拟计算结果，为优化储层改造效果、调控井筒内二氧化碳流场分布提供理论依据。

4.2.3.1　岩体弹性模量

如 4.1 节所述，超临界二氧化碳可与储层岩体发生物理化学反应，进而影响岩体的弹性模量；而且在不同施工井内甚至同一井内的不同井段，岩石的弹性模量也会存在差异。因此，为充分满足工程需求，有必要考察储层岩体弹性模量对二氧化碳造缝效果的影响规律。图 4-10 为不同弹性模量条件下，泵注 4h 二氧化碳后，裂缝形态的数值计算结果。可以看出，岩体弹性模量可显著影响裂缝形态，裂缝长度随岩体弹性模量的增大而增长，裂缝的最大宽度则随岩体弹性模量的增大而减小。结合4.1节的研究结果，超临界二氧化碳射流浸泡作用会增大岩样的弹性模量，这也是与清水压裂相比，二氧化碳更易诱导产生更长更窄的"狭长"裂缝的重要原因。

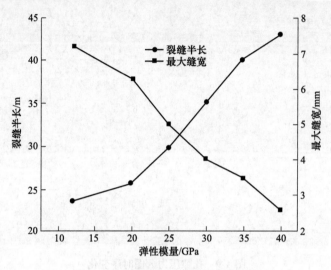

图 4-10 弹性模量对裂缝形态的影响

4.2.3.2 滤失系数

超临界二氧化碳压裂岩石过程中，压裂液滤失系数与储层岩体的物理性质和二氧化碳自身的物理性质有关，因而滤失系数也会随井别、井段以及井下的温度和压力条件的变化而变化。图4-11为不同滤失系数条件下，裂缝形态的数值计算结果。可以看出，随着滤失系数的增大，即压裂液可以更快地渗入缝面周围岩体，可能导致缝内流体压能减小并影响缝面周围岩体的孔隙压力和有效应力，但最终滤失系数对裂缝的长度影响不大，仅有裂缝的最大缝宽逐渐减小，而且缝宽减小的趋势也逐渐减弱。研究结果可反映出，本例条件下，滤失量（滤失系数）的变化对于流体压力在裂缝长度方向上的传递影响较弱，原因是二氧化碳黏度较低的特点，可以相对容易地补充其在裂缝里的滤失量，为此滤失系数的变化才会对缝长影响不大；缝面周围的孔隙压力和有效应力对滤失系数十分敏感，滤失系数增大后，孔隙压力升高进而抵消部分岩体应力，最终导致有效应力的减小并抑制裂缝宽度的增长。因此可知，滤失系数对压裂改造的波及面积影响不大，但会显著影响裂缝的导流能力，因而也会对储层改造效果产生影响。研究结果表明，二氧化碳的低黏度的特点弥补了高滤失对造缝效果的不利影响，这是其储层改造能力优于清水的另一原因。

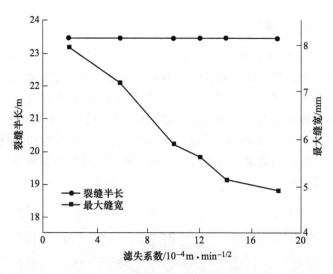

图 4-11 滤失系数对裂缝形态的影响

4.2.3.3 排量

调整排量仍将是超临界二氧化碳压裂页岩过程中调控裂缝形态的主要手段。图 4-12 为不同排量条件下，裂缝形态的模拟计算结果。由第 3 章的研究结果可知，增大排量可为裂缝的扩展提供更多压能，因此裂缝的长度和宽度皆随排量增大而增大；压能沿缝长方向传递时存在损耗（流动摩阻和滤失等），因此缝长不会随排量的增大而无限增长；在一定的排量和压能条件下，缝长和缝宽的发展存在竞争关系，当缝长增长减缓时，缝宽的增速加快。

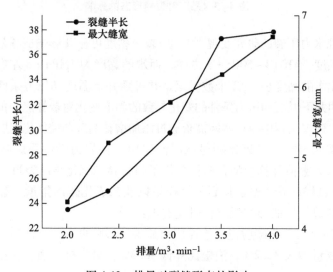

图 4-12 排量对裂缝形态的影响

4.2.3.4 压裂液黏度

图 4-13 为二氧化碳的黏度变化下，裂缝形态的模拟计算结果。可以看出，在井下温度和压力条件所涉及的黏度范围内，裂缝的最大缝宽随黏度增大而略有增大，缝长随黏度的增大呈减小趋势，这与常规压裂液的造缝趋势相同；整体上，二氧化碳黏度的变化对裂缝形态的影响甚微，可以忽略不计。需要说明的是，图 4-13 缝长计算结果中显示的趋势波动可能是计算精度和数据读取误差导致的。从黏度影响造缝效果的角度分析，超临界二氧化碳压裂对不同井次和井深都具有良好的适用性。

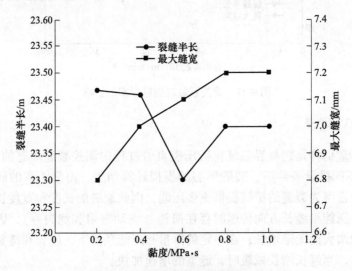

图 4-13 黏度对裂缝形态的影响

针对常规水力压裂的研究发现[122]，压裂液黏度可显著影响造缝效果。常规水基压裂液的黏度一般为 $1 \sim 50 Pa \cdot s$ 之间，而水的黏度为 $1 MPa \cdot s$ 左右，二氧化碳的黏度一般比水的黏度小 $1 \sim 2$ 个数量级，并可随井下温度和压力条件的不同而改变。研究表明井下温度和压力条件的变化导致的黏度变化对造缝能力的影响是可以忽略不计的，建议工程中根据实际需求通过添加增黏剂来调控优化储层改造。

本章在实测超临界二氧化碳射流浸泡作用对页岩力学性质影响规律的基础上，建立有限元数值计算模型，模拟分析了超临界二氧化碳压裂页岩所涉及的渗流-应力耦合过程，并考察了页岩弹性模量以及二氧化碳的排量、黏度和滤失系数的变化对造缝效果的影响规律，研究发现：

（1）超临界二氧化碳射流浸泡作用可显著地影响页岩力学性质。浸泡 2h 后，页岩的弹性模量增大 32.2%，泊松比降低 40.3%；页岩抗压强度在浸泡初期即显著降低。

（2）相比于清水压裂，超临界二氧化碳压裂可诱导产生更长、更窄的"狭长"楔形裂缝，有利于增大储层改造波及面积，但不利于提高裂缝导流能力。

（3）裂缝形态受施工参数和储层岩体的物理力学性质影响。裂缝长度随岩体弹性模量的增大而增长，最大缝宽则随岩体弹性模量的增大而减小；缝面周围岩体的孔隙压力和有效应力对滤失系数敏感，随着滤失系数的增大，裂缝宽度逐渐减小，而二氧化碳低黏度的特点弥补了高滤失对裂缝长度的不利影响；增大排量有利于产生更长、更宽的裂缝，但缝长的增长速度逐渐减慢；本例条件下，二氧化碳的黏度变化对造缝效果影响甚微，证实了超临界二氧化碳压裂技术具有较好的适用性。

5 超临界二氧化碳环空携砂流动规律

为避免压裂施工产生的裂隙闭合，需向其中充填支撑剂，以在环空泄压后支撑裂缝壁面；此外，为增强射孔增压造缝效果，会在工作介质中加入固相砂砾（第3章）。实际工艺过程中，压裂后部分砂砾或支撑剂，甚至包括地层出砂会在泄压时返至环空[123~126]，需利用工作介质将这些固相颗粒携带至地面，以避免开采过程中的井下复杂。3.4节的研究结果显示，环空中二氧化碳的密度和黏度值较低，其携砂能力较弱，容易产生固相颗粒的堆积，是影响作业安全的关键问题之一。针对这一实际工程需求，本章通过开展超临界二氧化碳环空携砂上返流动规律研究，优选确定改善环空清洗效果的工艺方法，以期推动实际技术的全面发展。

5.1 多相流模型及边界条件

在超临界二氧化碳井筒流动研究结果的基础上，本章将利用欧拉多相流方法阐述环空中二氧化碳携砂上返流动这一多相流问题。考虑固相颗粒间运动干扰对多相流动的影响，重点考察倾斜环空内二氧化碳携砂上返流动规律以及不同井段砂床中粒径分布变化规律；通过与清水环空携砂流动效果的定量对比来评价超临界二氧化碳的裹挟固相运移能力，并计算分析排量等工程因素对携砂上返效果的影响规律；基于上述研究结果，给出优化环空清洗效果的建议。因此，本章的研究结果可为调控超临界二氧化碳携砂上返流动效率提供必要的理论支撑，对于保障实际技术的安全实施同样具有十分重要的现实意义。

5.1.1 二氧化碳环空携砂多相流控制方程

环空中超临界二氧化碳携砂上返流动的控制方程与3.1节中的多相流控制方程相同，不再赘述。

5.1.2 二氧化碳环空携砂多相流边界条件

入口设置为流量入口边界属性，并给定两相的体积分数；出口设置为压力出口边界属性。固体壁面设置为无滑移边界。固相颗粒在固体壁面处的法向速度设置为0，切向速度及其温度由 Johnson-Jachson 模型[127]确定：

$$
\begin{cases}
\dfrac{\boldsymbol{v}_{sb}}{|\boldsymbol{v}_{sb}|} \cdot (\tau_k + \tau_f) \cdot \boldsymbol{w} + \dfrac{\pi \phi \rho_s \alpha_s g_0 \sqrt{\Theta_s}}{2\sqrt{3}\,\alpha_{smax}} \boldsymbol{v}_{sb} + (\boldsymbol{w} \cdot \tau_f \cdot \boldsymbol{w})\tan\delta_w = 0 \\[3mm]
\kappa_s \dfrac{\partial \Theta_s}{\partial x} = \dfrac{\pi \phi \rho_s \alpha_s g_0 \sqrt{\Theta_s}\,|\boldsymbol{v}_{sb}|}{2\sqrt{3}\,\alpha_{smax}} - \dfrac{\sqrt{3}\,\pi \rho_s \alpha_s g_0 (1 - e_w^2)\sqrt{\Theta_s}}{4\alpha_{smax}}\Theta_s
\end{cases}
\tag{5-1}
$$

式中，$\boldsymbol{v}_{sb}$ 为固相颗粒与壁面间的滑移速度矢量，m/s；τ_k、τ_f 为固相颗粒碰撞及摩擦在壁面处产生的剪切应力张量，Pa；$\boldsymbol{w}$ 为固体壁面法向量；ϕ 为无因次反射系数，取 0.001；δ_w 为壁面摩擦角，取 $\pi/10$；e_w 为固相颗粒与壁面碰撞后的恢复系数，取 0.9。

5.2　二氧化碳环空携砂多相流算例分析及模型验证

该节研究思路为：首先利用第 2 章建立的数值模型计算全井筒内二氧化碳单相流动的流场；其次以流场计算结果作为环空携砂上返流动模型的初始值，求解本章建立的多相流控制方程，分段考察环空携砂效果。

5.2.1　二氧化碳环空携砂多相流几何模型及初始值

图 5-1 为井眼轨迹参数及偏心环空的网格划分图。算例中，连续管内径取 50mm，外径取 60mm，套管内径取 100mm，其中偏心度定义为

$$
\varepsilon = \frac{D}{R - r}
\tag{5-2}
$$

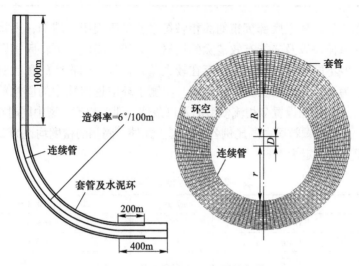

图 5-1　井眼轨迹及环空网格划分

利用第 2 章建立的数值模型，计算得到二氧化碳单相流动时全井筒的流场数据，其中入口流量设为 5.37kg/s，入口温度设为 253.15K，地温梯度取 2.8K/100m。沿整个井筒，取 13 个点来考察不同井斜（井深）条件下二氧化碳携砂上返流动结果。选取的 13 个考察点的井深结构参数和流场数据由表 5-1 给出，以此作为求解多相流动控制方程组的初始值。此外，为避免入口和出口对流场的影响，以每个考察点为始向后取 9m 长井段作为多相流动分析的几何模型。

表 5-1 测试点的井深结构参数及流场数据

序号	井斜角 /(°)	井深/m	垂深/m	压力/MPa	温度/K	流速 /m·s⁻¹	黏度 /10⁻⁵Pa·s	密度 /kg·m⁻³
1	0	50	50	6.74	279.5	1.23	7.996	865.8
2	0	500	500	10.16	305	1.51	5.643	705.1
3	0	1000	1000	13.79	317.7	1.531	5.585	695.8
4	12	1200	1198.5	15.23	322.7	1.534	5.582	694
5	24	1400	1387.5	16.59	327.3	1.537	5.596	693
6	36	1600	1560.5	17.86	331.5	1.536	5.617	693.2
7	48	1800	1709.1	18.95	335.1	1.536	5.637	693.3
8	54	1900	1772	19.41	336.6	1.536	5.646	693.5
9	60	2000	1826.5	19.82	337.9	1.535	5.658	693.9
10	66	2100	1872	20.17	339	1.534	5.668	694.3
11	72	2200	1907.9	20.44	339.8	1.532	5.679	694.9
12	84	2400	1949.6	20.81	340.7	1.528	5.707	696.8
13	90	2550	1954.9	20.88	340.9	1.527	5.717	697.5

压裂作业后，环空底部沉集的固相颗粒主要是压裂用支撑剂，还将包含地层出砂甚至井壁掉块以及未能有效清除的钻屑。为研究简便，可将固相颗粒按均匀球体处理。但不同固相的粒径可能存在较大差异，且不同直径的颗粒所占的比例也有差别。为了更准确地反映实际过程，实测了环空返出物中的固相粒径分布规律（表 5-2），并据此设置多相流模型的入口条件。即多相流模型中同时存在 5 种粒径的固相，且每种颗粒所占的比例各不相同。此外，固相的密度均设为 2.65g/cm³，固相总体积分数设定为 1%。

表 5-2 固相粒径分布统计表

序号	平均直径/mm	质量/g	质量分数
1	0.95	1.7	0.0316
2	0.74	4.4	0.0818
3	0.53	7.1	0.1320
4	0.39	14.4	0.2676
5	0.18	26.2	0.4870

5.2.2 二氧化碳环空携砂多相流计算结果及模型验证

以砂砾（支撑剂）滞留率（SRR）作为环空清砂效果的判据，其定义由式（5-3）给出：

$$\text{SRR} = \frac{m_r - \rho_s V_f x}{\rho_s V_f x} \tag{5-3}$$

式中，m_r 为环空中砂砾质量的计算值，kg；ρ_s 为砂砾密度，kg/m^3；V_f 为环空体积，m^3；x 为入口处砂砾的总体积分数，无因次。

显然，滞留率越大表示该条件下砂砾上返越困难，井眼清洗效果越差。

图 5-2 给出了不同井斜条件下（边界条件赋值由表 5-1 给出），砂砾滞留率的计算结果。可以看出，随着井斜角的增大，滞留率先增大后减小，当井斜角为 48°~72°时，砂砾最难上返。李良川等[128]开展了超临界二氧化碳环空清砂实验，考察了井斜角对清砂效果的影响规律。实验过程中，首先在环空内预置一定量的砂砾，然后调控入口流速（排量），一定时间内，当90%的砂砾被二氧化碳携带出环空时对应的流速定义为临界流速（CFR），显然临界流速越大说明清砂越困难。不同井斜条件下的临界流速实验结果也在图 5-2 中给出，可以看出，数值计算结果和实验结果吻合较好，这在一定程度上验证了数学模型的正确性。

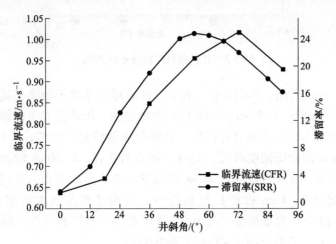

图 5-2 井斜角对砂砾滞留率的影响

从图 5-2 中可以看出，数值计算结果和实验结果中，最难清砂点对应的井斜角并不相同，原因在于边界条件的差异。在实验过程中，仅有井斜角是变量，温度和压力设为定值（313.2K/8.5MPa），这意味着不同井斜条件时二氧化碳的物性参数也是相同的，而且实验过程中也忽略了固体壁面传热的影响；而在数值模型中，二氧化碳的物性参数与流场的温度和压力呈耦合关系，随井斜角和井深的变化而变化（表 5-1），因此数值模型中的边界设置与实际工况更为相符。例如，室内实验结果显示，当井斜角为 72°时比 54°时清砂更为困难；而数值计算结果与之相反，原因是当井斜角为 72°时，二氧化碳的密度值和黏度值更高，携砂能力较强，因此砂砾的滞留率较低。

利用所建立的数学模型，本章创新性地考察了超临界二氧化碳携砂砾上返流动过程中粒径分布变化规律，目的在于揭示不同井段砂砾沉集成床的内在机理。不同井斜条件下，砂砾粒径分布计算结果由图 5-3 给出，其中边界条件赋值仍由表 5-1 给出。

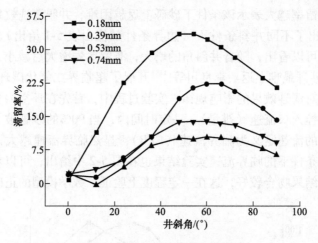

图 5-3 井斜角对粒径分布的影响

从图 5-3 可以看出，不同井斜条件下，砂砾滞留率并不始终与其直径呈正相关关系。由于固相中 0.18mm 的砂砾质量分数最高，因此其发生碰撞的频率以及损耗的能量也最多，最终除直井段外，其滞留率始终是最大的；0.74mm 的砂砾浓度比 0.53mm 的砂砾浓度略低，但由于重力的差异，0.74mm 砂砾的滞留率较大；通过对比 0.39mm 砂砾和 0.74mm 砂砾的滞留率可以看出，井斜角较小时直径较大的砂砾（0.74mm 砂砾）更难携带，而当井斜角较大时浓度较高的砂砾（0.39mm 砂砾）更难携带。从图 5-3 还可看出，不同直径的砂砾对应的临界井斜角各不相同，但都分布于 48°~72°的区间内。

由上述分析可知，超临界二氧化碳携砂砾上返流动除受到两相间动量交换影响外，还将受重力做功和固相间动量交换（由颗粒碰撞引起）影响。当井斜角较小时，砂砾在环空中的分布范围更广，因此重力做功起主要作用，直径较大的砂砾更难携带；当井斜角较大时，砂砾主要沉集于环空低边，彼此碰撞的频率增大，因此动量交换起主要作用，浓度较高的砂砾更难清除。

5.3 与清水携砂效果的对比分析

通过与清水携砂效果的定量对比，可以更好地反映二氧化碳输运固相颗粒的能力。图 5-4 为上述两种循环介质对应的固相体积分数云图，其中基于表 5-1 中井斜角为 72°时对应的边界条件，砂砾直径取定值 0.3mm。

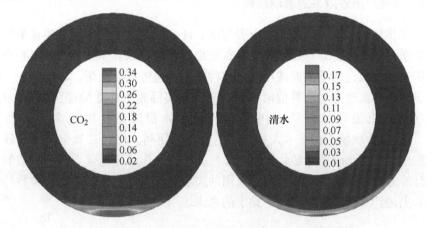

图 5-4　二氧化碳与清水携砂能力对比图

计算结果显示：二氧化碳裹挟砂砾上返时对应的滞留率（22.0%）为清水时（11.9%）的 1.85 倍。根据侯磊等人的研究结果[129]可知，超临界二氧化碳的高密度特性对其携砂性能的影响大于低黏度特性对其携砂性能的影响。虽然在于算例条件下水的黏度是二氧化碳的十倍以上，但由于二者之间的密度差并不大，最终砂砾的滞留率并没有量级上的差距，可以通过增大排量进一步弥补二氧化碳携砂能力的不足。由于清水与固相间的动量传递效率更高，有利于砂砾获得向前运移的动能，因此清水的携砂效果更佳。此外，清水携砂上返流动时，雷诺数较大且径向上边界层较厚，结合 Wang 等[130]建立的受力分析模型可知，砂砾近壁面半球受到的拖曳力小于另一半球，因此砂砾更易向套管壁面翻滚沉集。二氧化碳携砂砾上返流动时，边界层较薄，上述拖曳力差值较小，颗粒主要受重力作用而向环空低边沉集。因此工作介质为超临界二氧化碳时，固相的分布更为集中，有利于增强固相颗粒间的运动干扰和动能损耗。综合上述两方面因素，超临界二氧化碳携砂上返流动时的固相滞留率更高，环空清洗效果更差。

已知清水的黏度不足以很好地清洗环空，因此有必要研发增黏剂以改善二氧化碳输运固相的能力。本例条件下，二氧化碳携砂砾上返时的压耗仅为清水时的52.3%，这是该技术的一项优势，也为二氧化碳增黏剂的使用预留了空间。

5.4 携砂效果影响因素分析

基于表 5-1 中井斜角为 72°时对应的边界条件，考察排量、砂砾浓度和环空偏心度等工程因素对上返效果的影响。为方便计，砂砾直径取定值 0.3mm。

5.4.1 排量对携砂效果的影响规律

调控排量是改善清砂效果的重要方法。环空中二氧化碳流速与排量呈线性正相关关系，图 5-5 给出了流速影响携砂效果的计算结果。从图 5-5 可以看出，砂砾滞留率随着流速的增大而减小，但这种减小的趋势逐渐放缓，因此存在一临界流速，当实际流速超过临界值时，不利于控制实际施工作业的经济成本。目前，在空气钻井携岩领域广泛采用 MVT（最小体积理论）理论来计算临界排量[97,131]，这为现场工程技术人员提供了极大的便利。而在二氧化碳压裂砂砾上返过程中，二氧化碳处于超临界态而非气态，因此作者建议建立一种相似的临界排量计算方法，以更好地满足实际应用的需求。考虑到二氧化碳物性参数的变化规律，上述计算方法中应增加对黏度的考虑。

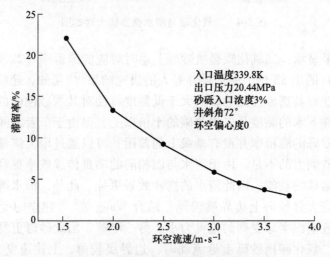

图 5-5 环空流速对砂砾滞留率的影响

5.4.2 砂砾浓度对携砂效果的影响规律

入口处砂砾浓度的取值对流场中固相沉集成床有重要影响，在边界条件中其由入口固相体积分数给出，计算结果如图 5-6 所示。

从图 5-6 可以看出，砂砾滞留率随入口浓度的增大而增大，且这种增大的趋

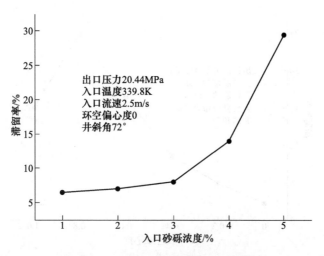

图 5-6　入口砂砾浓度对滞留率的影响

势逐渐加剧。原因是：入口浓度增大后，更多的砂砾沉集于环空低边，彼此碰撞损耗更多的动能，固相颗粒间动量交换对多相流的影响增强，最终导致砂砾滞留率增大。增大排量、延长清洗时间都有利于降低入口处砂砾浓度，进而有利于改善环空清洗效果。

5.4.3　环空偏心度

倾斜井眼条件下，井下管柱受重力作用而靠向环空低边，造成环空偏心进而影响砂砾上返流动。不同偏心度条件下，砂砾滞留率计算结果由图 5-7 给出。可以看出，随着环空偏心度的增大，砂砾滞留率呈先增大后减小趋势，临界偏心度为 0.8。主要原因是：砂砾主要沉集于环空低边，随着偏心度增大，固体壁面对环空低边的影响增强，导致该区域的平均流速下降，两相间的动量交换减弱，而且固相颗粒与固体壁面的碰撞也将更为频繁而损耗更多的动能，因而砂砾滞留率随着偏心度增大而增大；当偏心度超过 0.8 后，环空低边的空间不足，部分砂砾会分布到连续管的两侧区域，相较而言，比偏心度为 0.8 时更容易被携带清除，但砂砾滞留率仍远大于对称环空（偏心度为 0）条件下的滞留率。研究结果表明，保持环空居中有利于改善超临界二氧化碳携砂砾上返效果。

本章针对实际工程需求，建立了环空内二氧化碳携砂上返多相流动计算方法。该方法考虑了井筒传热及二氧化碳热力学性质和迁移性质与流场温度和压力的耦合关系；结合室内实验结果，考察了井斜角及工程因素对砂砾上返效果的影响规律；通过分析井筒中固相的粒径分布变化规律，揭示了相间能量传递机制及携砂效果的主控因素；通过与清水携砂上返流动效果的定量对比，分析评价了超临界二氧化碳的携砂能力；最后给出了优化砂砾上返效果的建议。主要获得了以下认识：

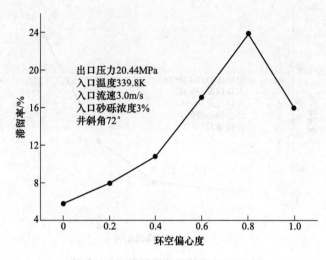

图 5-7 环空偏心度对滞留率的影响

（1）二氧化碳携砂流动除受到两相间动量交换影响外，还受重力做功和固相间动量交换（由颗粒碰撞引起）的影响，井斜角较小时颗粒直径较大的砂砾更难以携带；井斜角较大时环空中浓度较高的砂砾更难以上返。随井深和井斜增大，砂砾总滞留率先增大后减小，48°～72°井斜井段砂砾最难上返；本书条件下，二氧化碳携砂砾上返时的固相滞留率为清水时的 1.85 倍；固相滞留率随排量增大而减小的趋势逐渐减弱，随砂砾浓度的增大而增大的趋势迅速增强；偏心度增大时，滞留率先增大后减小，临界值为 0.8。超临界二氧化碳携砂砾上返时单米压降仅为清水时的 52.3%，说明该技术在节能降耗方面更具优势。

（2）工程实践中，建议添加增黏剂提高二氧化碳清洗环空的能力；以临界流速循环洗井的方法最为经济有效；遇卡时，可先从砂砾上返困难井段的临界偏心度位置排查卡点；建议考虑黏度的影响，建立超临界二氧化碳携砂砾上返的判定准则。

6 超临界二氧化碳射流增渗规律

超临界二氧化碳射流诱导形成裂缝后会进一步引起岩体渗透率的改变。实际上，二氧化碳与岩样接触而未致裂岩样时也会引起其渗透性的改变。作者研究团队以致密砂岩为例，开展了超临界二氧化碳射流增渗实验，得到了射流压力、射流温度、射流时长以及岩样温度等实验参数对渗透率变化的影响规律。

6.1 二氧化碳射流增渗实验设备与方案

本项实验基于中国石油大学（华东）超临界流体实验室研制的超临界二氧化碳钻完井实验系统开展。实验流程及实验装置的实物图（泵注部分）见图 6-1 和图 6-2。实验过程中，二氧化碳由储罐通过过滤器进入二氧化碳泵组以加压至预设值，随后进入稳压罐以消减压力波动，从稳压罐流出的二氧化碳再被预热至设计值，之后经由科氏质量流量计进入实验段以开展测试，最后经净化、冷却后

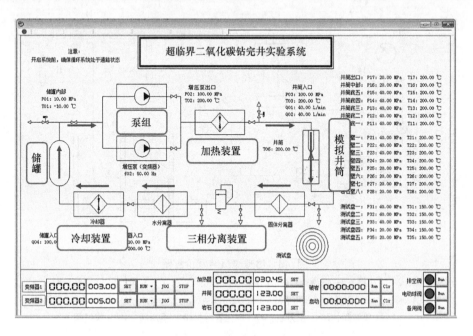

图 6-1 超临界二氧化碳对流换热实验系统操控界面

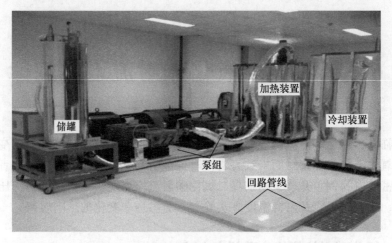

图 6-2 超临界二氧化碳对流换热实验装置（供/回液部分）

回流至储罐，整个系统设计成上述封闭回路。实验参数的设定可在数控界面完成，后由各实验装置自动执行指令，数控界面还可实时反馈部分流场数据。在模拟井筒前后皆安装传感器，根据前端的读数反馈控制泵压和预热温度。设计流体注入温度、泵注压力、流量、井径等参数的组合方案，模拟实际工况喷射岩样。基于渗透率测试装置（图 6-3）对比分析岩样在实验前后的渗透率变化。

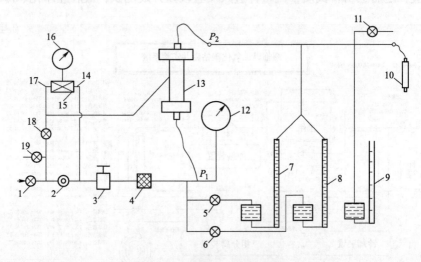

图 6-3 渗透测试装置示意图

1—气源；2—减压阀；3—增压阀；4—干燥装置；5—水银阀；6—水阀；7—水银柱；8—水柱；
9—孔板水柱；10—孔板；11—孔板放空阀；12—C 值表；13—岩样夹持器；14—供气管线；
15—单流阀；16—压力表；17—围压管线；18—围压阀；19—排气阀

本实验的特色在于可参照实际工况（大尺寸管径、大排量、高压力、变温度）调制超临界二氧化碳射流参数，实现这一目标的关键在于具备超临界二氧化碳调制、泵注和监测的实验手段。现有实验装置中，二氧化碳高压泵最高可提供100MPa、40L/min 或者 50MPa、85L/min 的工作参数，完全覆盖本项研究涉及的实验参数范围。

渗透率可由式（6-1）计算：

$$K = \frac{2P_0 Q_0 \mu L}{A(P_1^2 - P_2^2)} \times 1000 \tag{6-1}$$

式中，K 为岩样渗透率，$10^{-3}\mu m^2$；μ 为气体黏度，$MPa \cdot s$；A 为岩样截面面积，cm^2；Q_0 为流速，cm/s；L 为岩样长度，cm；P_1、P_2 为岩样出入端压力，$0.1MPa$；P_0 为大气压，$0.1MPa$。

实验用岩样取自黄岛地区，如图 6-4 所示，X 射线测试结果显示岩样主要由石英组成，并含有少量黏土矿物（主要为高岭土）。岩样密度为 $2.4g/cm^3$，初始孔隙均值为 8.3%，平均矿物粒径为 0.2mm。岩样由取心机制成后再进行两端磨平，以满足实验需求。岩样两端偏轴严格控制在 0.5° 以内。实验前，对岩样进行了初选，只选取渗透率在 40~50mD 的岩样进行后续实验以提高结果的准确性。

图 6-4　实验用岩样（部分）

实验流程如下：

（1）测试岩样的初始渗透率。

（2）将岩样固定在射流实验的夹持装置内，并使岩样与多孔压板垂直。之后用螺栓固定夹持装置的封盖。

（3）打开空压机和加压泵，将二氧化碳压入中间容器，并达到实验所需的压力状态。

（4）打开温控装置，使二氧化碳温度和岩样温度分别达到实验所需温度状态，之后保持加温装置为打开状态以保证流体和岩样的温度均匀。调节喷射压力以消减流体和岩样温度变化的影响。

（5）用压头对岩样施加载荷，避免岩样的轴向移动。

（6）打开射流阀门喷射岩样，根据实验需求控制射流时间。

（7）射流完成后，待岩样自然冷却至常温后再测试其渗透率。

6.2 二氧化碳射流增渗实验结果与分析

6.2.1 射流压力的影响

射流压力是钻完井过程中的重要参数。在流体温度为 66℃、岩样温度为室温条件下，测试了不同射流压力条件下岩样的渗透率变化规律。其中，每个测点取三个岩样测试结果的平均值作为实验结果以消减随机影响。

图 6-5 给出了射流压力对岩样渗透率的影响规律，可以看出：当射流压力增加时，样品渗透率总体增加。原因在于超临界二氧化碳射流样品时，冲击载荷应力、准静态压力和热应力是影响渗透率的主要因素。冲击载荷应力是主导因素，作用时间很短；准静态压力和热应力是后期的主要影响原因。准静压是指当超临界二氧化碳喷射到样品表面时，它会迅速渗透到微孔中并迅速破裂，由于超临界二氧化碳的低黏度和表面张力，渗透到微孔中的液体可以相互连通。射流压力可以传递到微裂缝的尖端，引起样品内部的应力集中，然后微裂缝扩展以增加渗透率。准静态应力随着射流压力的增加而增加，作用时间越长，对岩性的影响与冲击载荷应力相比越弱。当超临界二氧化碳喷射到样品表面时，会产生强烈的冲击载荷应力，并通过岩石骨架传递到样品内部。微孔和裂纹边缘的冲击载荷应力会产生较大的拉应力，使原有裂纹扩展并产生新的裂纹。冲击载荷应力会随着射流压力的增加而增加，因此渗透率随着射流压力的增加而增加。最后，在准静态应力和冲击载荷应力的影响下，渗透率随着射流压力的增加而增加。

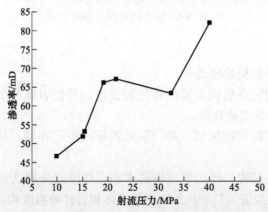

图 6-5 射流压力对岩样渗透率的影响规律

6.2.2 射流温度的影响

由于二氧化碳的物性参数甚至相态（如密度、黏度、热容等）可随着温度的变化而显著变化，而物性参数的变化又会进一步影响射流增渗效果。因此，研究团队在射流压力为 8.5MPa 或 20MPa，岩样温度为室温条件下，开展了不同射流温度影响岩样渗透率的测试实验，其结果如图 6-6 所示。

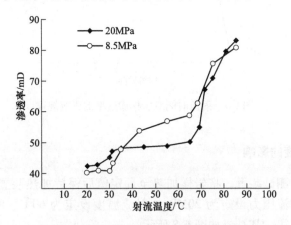

图 6-6　射流温度对岩样渗透率的影响规律

尽管射流压力不同，但当射流温度不超过 30℃时，射流作用对渗透率的影响较小；当射流温度超过临界点（31.4℃）时，渗透率随射流温度的增大而突然增加，然后在射流温度不超过 70℃时增长缓慢；温度升至 70℃以上后，渗透率随温度的增大而显著增加。

测试结果表明，当二氧化碳处于液态时，二氧化碳射流对渗透性的影响微弱；当二氧化碳变为超临界态后，其黏度低，扩散能力强，比液态二氧化碳更容易渗透到岩样中，然后在内部裂纹中产生应力集中，使微裂纹扩展。当温度升高时，超临界二氧化碳的黏度降低，渗流速度增加，从而更容易渗入微孔，最终渗透率增加。

6.2.3 射流时间的影响

将射流压力设定为 20MPa，射流温度设定为 60℃，岩样温度为室温，测试了射流时间对岩样渗透的影响规律，其结果如图 6-7 所示。

超临界二氧化碳射流可快速提高渗透率，原因在于射流冲击载荷应力是影响渗透率的主要因素，而冲击载荷应力作用时间较短；渗流膨胀是后期的主要因素，对渗透率的影响不大。所以渗透率起初迅速增加；然后随着射流时间的持续增加，渗透率变化不大。如果岩粉堵塞内部孔隙，渗透率就会降低。

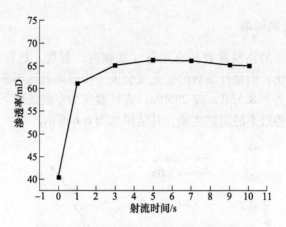

图 6-7 射流时间对岩样渗透率的影响规律

6.2.4 岩样温度的影响

将岩样装入测试装置，将岩样加热至预定值后保持加热装置 1h 以保证岩样受热均匀。将射流压力设定为 20MPa，射流温度设定为 60℃，测试岩样温度对渗透率的影响规律，其结果如图 6-8 所示。

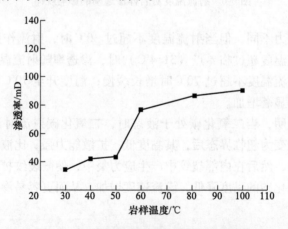

图 6-8 岩样温度对岩样渗透率的影响规律

整体上，岩样渗透率随着岩样温度的升高而增大，其中当岩样温度在 50~60℃时，渗透率的变化幅度最大。由于节流效应可在喷嘴出口端导致显著温降，温降进一步引起岩样表面及内部应力集中，继而导致内部原生微裂隙的扩展，最终引起渗透率的增大。

本章通过开展超临界二氧化碳射流增渗实验，得到了射流压力、射流温度、射流时长以及岩样温度等实验参数对渗透率变化的影响规律，主要认识包括：

（1）在实际工程参数范围内，调制超临界二氧化碳射流参数可使岩样渗透率显著增加。

（2）随着射流压力的增加，岩样的渗透率整体增加；当射流温度处于相变临界温度时，岩样渗透率显著增大；射流一开始即可使岩样渗透率显著增大，但继续增大射流时长，渗透率变化不大；提高样品温度将有利于渗透率的增加。

参 考 文 献

[1] Arora V, Cai Y. U. S. Natural Gas Exports and Their Global Impacts [J]. Applied Energy, 2014, 120 (5): 95~103.

[2] Weijermars R. Economic Appraisal of Shale Gas Plays in Continental Europe [J]. Applied Energy, 2013, 106 (11): 100~115.

[3] 贾承造, 郑民, 张永峰. 中国非常规油气资源与勘探开发前景 [J]. 石油勘探与开发, 2012, 39 (2): 129~136.

[4] Middleton R S, Carey J W, Currier R P, et al. Shale Gas and Non-aqueous Fracturing Fluids: Opportunities and challenges for supercritical CO_2 [J]. Applied Energy, 2015, 147 (3): 500~509.

[5] Gupta A P, Gupta A, Langlinais J. Feasibility of Supercritical Carbon Dioxide as a Drilling Fluid for Deep Underbalanced Drilling Operation [C]. SPE paper 96992, 2005.

[6] 杜玉昆. 超临界二氧化碳射流破岩机理研究 [D]. 青岛: 中国石油大学 (华东), 2012.

[7] Surjaatmadja J B, Grundmann S R, Mcdaniel B, et al. Hydrajet Fracturing: An Effective Method for Placing Many Fractures in Openhole Horizontal Wells [C]. SPE paper 48856, 1998.

[8] Coronado J A. Success of Hybrid Fracs in the Basin [C]. SPE paper 106758, 2007.

[9] 姚军, 孙海, 黄朝琴, 等. 页岩气藏开发中的关键力学问题 [J]. 中国科学: 物理学力学天文学, 2013 (12): 1527~1547.

[10] Fisher M K, Wright C A, Davidson B M, et al. Integrating Fracture Mapping Technologies to Optimize Stimulations in the Barnett Shale [J]. SPE Paper 77441, 2002.

[11] Schein G. The Application and Technology of Slickwater Fracturing [J]. Society of Petroleum Engineers, 2005.

[12] 杜凯, 黄凤兴, 伊卓, 等. 页岩气滑溜水压裂用降阻剂研究与应用进展 [J]. 中国科学: 化学, 2014 (11): 1696~1704.

[13] 李庆辉, 陈勉, 金衍, 等. 新型压裂技术在页岩气开发中的应用 [J]. 特种油气藏, 2012, 19 (6): 1~7.

[14] Leblanc D P, Martel T, Graves D G, et al. Application of Propane (LPG) Based Hydraulic Fracturing in the McCully Gas Field, New Brunswick, Canada [C]. SPE paper 144093, 2011.

[15] Soni T M. LPG-Based Fracturing: An Alternate Fracturing Technique in Shale Reservoirs [C]. SPE paper 170542, 2014.

[16] 刘合, 王峰, 张劲, 等. 二氧化碳干法压裂技术——应用现状与发展趋势 [J]. 石油勘探与开发, 2014, 41 (4): 466~472.

[17] Sinal M L, Lancaster G. Liquid CO_2 Fracturing: Advantages and Limitations [J]. Journal of Canadian Petroleum Technology, 1987, 26 (5): 26~30.

[18] Hall M, Kilpatrick J E. Surface Microseismic Monitoring of Slick Water and Nitrogen Fracture Stimulations, Arkoma Basin, Oklahoma [C]. SPE paper 132371, 2010.

[19] Craig D P, Blasingame T A. A New Refracture-Candidate Diagnostic Test Determines Reservoir

Properties and Identifies Existing Conductive or Damaged Fractures [C]. SPE paper 96785, 2005.

[20] East L, Bailey M, Mcdaniel B. Hydra-Jet Perforating and Proppant Plug Diversion in Multi-Interval Horizontal Well Fracture Stimulation: Case Histories [C]. SPE paper 114881, 2008.

[21] Love T G, Mccarty R A, Surjaatmadja J B, et al. Selectively Placing Many Fractures in Openhole Horizontal Wells Improves Production [C]. SPE paper 50422, 1998: 219~224.

[22] Mcdaniel B W, Surjaatmadja J, Larry L, et al. Evolving New Stimulation Process Proves Highly Effective in Level 1 Dual-Lateral Completion [C]. SPE paper 78697, 2002.

[23] Mcdaniel B, East L, Surjaatmadja J. Use of Hydrajet Perforating to Improve Fracturing Success Sees Global Expansion [C]. SPE paper 114695, 2008.

[24] Beatty K J, Mcgowen J M, Gilbert J V. Pin-Point Fracturing (PPF) in Challenging Formations [C]. SPE paper 106052, 2007.

[25] Gilbert J V, Greenstreet C W, Bainbrigge P R. Application of Pinpoint Fracturing in the Cooper Basin Australia [C]. SPE paper 97004, 2005.

[26] Hejl K, Madding A, Morea M, et al. Extreme Multistage Fracturing Improves Vertical Coverage and Well Performance in the Lost Hills Field [J]. Spe Drilling & Completion, 2013, 22 (4): 326~333.

[27] Surjaatmadja J B, East L E, Luna J B, et al. An Effective Hydrajet-Fracturing Implementation Using Coiled Tubing and Annular Stimulation Fluid Delivery [C]. SPE paper 94098, 2005.

[28] Surjaatmadja J, Bezanson J, Lindsay S, et al. New Hydra-Jet Tool Demonstrates Improved Life for Perforating and Fracturing Applications [C]. SPE paper 113722, 2008.

[29] Mcdaniel B W, East L E, Rosato M J, et al. Packerless Multistage Fracture-Stimulation Method Using CT Perforating and Annular Path Pumping [C]. SPE paper 96732, 2005.

[30] Peak Z, Janik K, Marshall E, et al. Coiled-Tubing-Deployed Fracturing Service Yields Increase in Completion Efficiency [C]. SPE paper 107060, 2007.

[31] Pongratz R, Gijtenbeek K, Kontarev R, et al. Perforating for Fracturing—Best Practices and Case Histories [C]. SPE paper 105064, 2007.

[32] Jiang T, Zhao X, Yin F, et al. Application of Multistage Hydrajet-fracturing Technology in Horizontal Wells with Slotted Liner Completion in China [C]. SPE paper 170466, 2014: 211~215.

[33] Taleghani D, Arash. Analysis of hydraulic fracture propagation in fractured reservoirs: An improved model for the interaction between induced and natural fractures [J]. Plos One, 2009, 5 (12): S58.

[34] Perkins T K, Kern L R Widths of hydraulic fractures [J]. J Petroleum Tech, 1961, 13 (9): 937~949.

[35] Geertsma J, Klerk F D. A Rapid Method of Predicting Width and Extent of Hydraulically Induced Fractures [J]. Journal of Petroleum Technology, 1969, 21 (12): 1571~1581.

[36] Panos P, Marc T, John C, et al. Behavior and stability analysis of a wellbore embedded in an elastoplastic medium [C]. SPE paper ARMA-1994-0209, 1994.

［37］ Bradford I D R, Cook J M. A semi-analytic elastoplastic model for wellbore stability with applications to sanding［C］. SPE paper 28070, 1994.

［38］ Aadnoy B S, Kaarstad E, Belayneh M. Elastoplastic Fracture Model Improves Predictions in Deviated Wells［C］. SPE paper 110355, 2007.

［39］ Rahman M, Aghighi M, Rahman S, et al. Interaction Between Induced Hydraulic Fracture and Pre-Existing Natural Fracture in a Poro-Elastic Environment: Effect of Pore Pressure Change and the Orientation of Natural Fractures［C］. SPE paper 12257, 2009.

［40］ Charoenwongsa S, Kazemi H, Miskimins J, et al. A Fully-Coupled Geomechanics and Flow Model for Hydraulic Fracturing and Reservoir Engineering Applications［C］. SPE paper 137497, 2010.

［41］ Rahman M M, Aghighi M A, Shaik A R. Numerical Modeling of Fully Coupled Hydraulic Fracture Propagation in Naturally Fractured Poro-elastic Reservoir［C］. SPE paper 121903, 2009.

［42］ Xu W, Thiercelin M J, Ganguly U, et al. Wiremesh: A Novel Shale Fracturing Simulator［C］. SPE paper 132218, 2010.

［43］ Weng X, Kresse O, Cohen C, et al. Modeling of Hydraulic Fracture Network Propagation in a Naturally Fractured Formation［J］. SPE Production & Operations, 2011, 26 (4): 368~380.

［44］ Chen Z, Bunger A P, Zhang X, et al. Cohesive zone finite element-based modeling of hydraulic fractures［J］. Acta Mechanica Solida Sinica, 2009, 22 (5): 443-452.

［45］ Carrier B, Granet S. Numerical modeling of hydraulic fracture problem in permeable medium using cohesive zone model［J］. Engineering Fracture Mechanics, 2012, 79: 312~328.

［46］ 张士诚, 牟松茹, 崔勇. 页岩气压裂数值模型分析［J］. 天然气工业, 2011, 31 (12): 81~84.

［47］ Lam K Y, Cleary M P. Slippage and re-initiation of (hydraulic) fractures at frictional interfaces［J］. International Journal for Numerical & Analytical Methods in Geomechanics, 1984, 8 (6): 589~604.

［48］ Lecampion B. An extended finite element method for hydraulic fracture problems［J］. Communications in Numerical Methods in Engineering, 2009, 25 (2): 121~133.

［49］ Pater D, Beugelsdijk L J L. Experiments and numerical simulation of hydraulic fracturing in naturally fractured rock［C］. SPE paper ARMA-05-780, 2005.

［50］ Lillies A T, King S R. Sand Fracturing With Liquid Carbon Dioxide［C］. SPE paper 11341, 1982.

［51］ Brock W R, Bryan L A. Summary Results of CO_2 EOR Field Tests, 1972-1987［C］. SPE paper 18977, 1989.

［52］ Mungan N. An Evaluation of Carbon Dioxide Flooding［C］. SPE paper 21762, 1991.

［53］ Lim M T, Khan S A, Sepehrnoori K, et al. Simulation of Carbon Dioxide Flooding Using Horizontal Wells［C］. SPE paper 24929, 1992.

［54］ Kolle J J. Coiled-Tubing Drilling with Supercritical Carbon Dioxide［C］. SPE paper 65534, 2000.

[55] Gale J. Geological storage of CO_2: What do we know, where are the gaps and what more needs to be done? [J]. Energy, 2004, 29 (9~10): 1329~1338.

[56] Holt T, Lindeberg E G B, Taber J J, et al. Technologies and Possibilities for Larger-Scale CO_2 Separation and Underground Storage [C]. SPE paper 63103, 2000.

[57] Zhang L, Ezekiel J, Li D, et al. Potential assessment of CO_2 injection for heat mining and geological storage in geothermal reservoirs of China [J]. Applied Energy, 2014, 122 (2): 237~246.

[58] Kang S M, Fathi E, Ambrose R J, et al. Carbon Dioxide Storage Capacity of Organic-Rich Shales [J]. SPE Journal, 2013, 16 (4): 842~855.

[59] Saikat M, Willem-Jan P, Hans B. Capillary Pressure and Wettability Behavior of Coal-Water-Carbon dioxide System [C]. SPE paper 84339, 2003.

[60] 赵仁保, 孙海涛, 吴亚生, 等. 二氧化碳埋存对地层岩石影响的室内研究 [J]. 中国科学: 技术科学, 2010 (4): 378~384.

[61] 王瑞和, 倪红坚, 沈忠厚. 二氧化碳在非常规油气藏开发中的应用 [C]. 钻井基础理论研究与前沿技术开发新进展学术研讨会, 2010.

[62] 王在明. 超临界二氧化碳钻井液特性研究 [D]. 青岛: 中国石油大学, 2008.

[63] Peng D Y, Robinson D B. A New Two-Constant Equation of State [J]. Industrial & Engineering Chemistry Fundamentals, 1976, 15 (1): 92~94.

[64] 沈忠厚, 王海柱, 李根生. 超临界 CO_2 钻井水平井段携岩能力数值模拟 [J]. 石油勘探与开发, 2011, 38 (2): 233~236.

[65] 霍洪俊, 王瑞和, 倪红坚, 等. 超临界二氧化碳在水平井钻井中的携岩规律研究 [J]. 石油钻探技术, 2014 (2): 12~17.

[66] 宋维强, 王瑞和, 倪红坚, 等. 水平井段超临界 CO_2 携岩数值模拟 [J]. 中国石油大学学报 (自然科学版), 2015 (2): 63~68.

[67] 岳伟民. 超临界二氧化碳射流破岩试验装置的研制 [D]. 青岛: 中国石油大学 (华东), 2011.

[68] 黄志远. 超临界二氧化碳射流结构特性研究 [D]. 青岛: 中国石油大学 (华东), 2011.

[69] 杜玉昆, 王瑞和, 倪红坚, 等. 超临界二氧化碳射流破岩试验 [J]. 中国石油大学学报 (自然科学版), 2012, 36 (4): 93~96.

[70] 杜玉昆, 王瑞和, 倪红坚, 等. 超临界二氧化碳旋转射流破岩试验研究 [J]. 应用基础与工程科学学报, 2013, 21 (6): 1078~1085.

[71] 王瑞和, 倪红坚. 二氧化碳连续管井筒流动传热规律研究 [J]. 中国石油大学学报 (自然科学版), 2013, 37 (5): 65~70.

[72] Span R, Wagner W. A New Equation of State for Carbon Dioxide Covering the Fluid Region from the Triple-point Temperature to 1100K at Pressures up to 800MPa [J]. Journal of Physical & Chemical Reference Data, 1996, 25 (6): 1509~1596.

[73] Vesovic V, Wakeham W A, Olchowy G A, et al. The Transport Properties of Carbon Dioxide [J]. Journal of Physical & Chemical Reference Data, 1990, 19 (19): 763~808.

[74] 程宇雄, 李根生, 王海柱, 等. 超临界 CO_2 喷射压裂孔内增压机理 [J]. 石油学报,

2013, 34 (3)：550~555.

[75] 程宇雄，李根生，王海柱，等．超临界二氧化碳喷射压裂孔内流场特性 [J]．中国石油大学学报（自然科学版），2014, 38 (4)：81~86.

[76] 孙宝江，张彦龙，杜庆杰，等．CO_2 在页岩中的吸附解吸性能评价 [J]．中国石油大学学报（自然科学版），2013, 37 (5)：95~99, 106.

[77] Wang Z Y, Sun B J, Wang J T, et al. Experimental study on the friction coefficient of supercritical carbon dioxide in pipes [J]. International Journal of Greenhouse Gas Control, 2014, 25 (6)：151~161.

[78] Hou L, Sun B, Wang Z, et al. Experimental study of particle settling in supercritical carbon dioxide [J]. J. of Supercritical Fluids, 2015, 100：121~128.

[79] 王振铎，王晓泉，卢拥军．二氧化碳泡沫压裂技术在低渗透低压气藏中的应用 [J]．石油学报，2004, 25 (3)：66~70.

[80] 李根生，王海柱，沈忠厚，等．超临界 CO_2 射流在石油工程中应用研究与前景展望 [J]．中国石油大学学报（自然科学版），2013, 37 (5)：76~87.

[81] Wang H, Shen Z, Li G. A Wellbore Flow Model of Coiled Tubing Drilling with Supercritical Carbon Dioxide [J]. Energy Sources Part A Recovery Utilization & Environmental Effects, 2012, 34 (14)：1347~1362.

[82] Nakhwa A D, Loving S W, Ferguson A, et al. Oriented Perforating Using Abrasive Fluids through Coiled Tubing [C]. SPE paper 107061, 2007.

[83] 李根生，牛继磊，刘泽凯，等．水力喷砂射孔机理实验研究 [J]．中国石油大学学报（自然科学版），2002, 26 (2)：31~34.

[84] 吴光中，宋婷婷，张毅．FLUENT 基础入门与案例精通 [M]．北京：电子工业出版社，2012.

[85] 王福军．计算流体动力学分析：CFD 软件原理与应用 [M]．北京：清华大学出版社，2004.

[86] Fenghour A, Wakeham W A, Vesovic V. The Viscosity of Carbon Dioxide [J]. Journal of Physical & Chemical Reference Data, 1998, 27 (1)：31~44.

[87] 杨谋，孟英峰，李皋，等．钻井液径向温度梯度与轴向导热对井筒温度分布影响 [J]．物理学报，2013, 62 (7)：1~10.

[88] Darbyshire A G, Mullin T. Transition to turbulence in constant-mass-flux pipe flow [J]. Journal of Fluid Mechanics, 1995, 289 (1)：83~114.

[89] Haaland S E. Simple and explicit formulas for the friction factor in turbulent pipe flow [J]. Journal of Fluids Engineering, 1983, 105 (1)：242~243.

[90] 袁恩熙．工程流体力学 [M]．北京：石油工业出版社，1986.

[91] 戴锅生．传热学 [M]．北京：高等教育出版社，1999.

[92] 杨世铭，陶文铨．传热学 [M]．4 版．北京：高等教育出版社，2006.

[93] 程尚模，黄素逸，白彩云，等．传热学 [M]．北京：高等教育出版社，1990.

[94] Gnielinski V. New equations for heat and mass-transfer in turbulent pipe and channel flow [J]. International Chemical Engineering, 1976, 16 (2)：359~368.

［95］ 侯光武. 超临界二氧化碳在密闭竖直细管内的传热试验研究［D］. 大连：大连理工大学，2005.

［96］ Wang Z, Sun B, Sun X, et al. Phase state variations for supercritical carbon dioxide drilling ［J］. Greenhouse Gases Science & Technology, 2015, 6（1）：83~93.

［97］ Doan Q T. Modeling of Transient Cuttings Transport in Underbalanced Drilling（UBD）［J］. SPE Journal, 2003, 8（2）：160~170.

［98］ Davoudi M, Smith J R, Chirinos J, et al. Evaluation of Alternative Initial Responses to Kicks Taken During Managed-Pressure Drilling ［J］. SPE Drilling & Completion, 2011, 26（2）：169~181.

［99］ 贺会群, 李相方, 胡强法, 等. 连续管水力喷射压裂机理与试验研究［J］. 石油机械，2008, 36（4）：1~4.

［100］ 田守嶒, 李根生, 黄中伟, 等. 连续油管水力喷射压裂技术 ［J］. 天然气工业，2008, 28（8）：61~63.

［101］ 倪红坚, 王瑞和. 高压水射流射孔过程及机理研究［J］. 岩土力学，2004, 25（z1）：29~32.

［102］ 倪红坚, 王瑞和, 葛洪魁. 高压水射流破岩的数值模拟分析［J］. 岩石力学与工程学报，2004, 23（4）：550~554.

［103］ Wang H, Li G, Shen Z, et al. Experiment on rock breaking with supercritical carbon dioxide jet ［J］. Journal of Petroleum Science & Engineering, 2015, 127：305~310.

［104］ 黄飞. 水射流冲击瞬态动力特性及破岩机理研究［D］. 重庆：重庆大学，2015.

［105］ 曲海, 李根生, 黄中伟, 等. 水力喷射分段压裂密封机理［J］. 石油学报，2011, 32（3）：514~517.

［106］ Fallahzadeh S H, Shadizadeh R S, Pourafshary P. Dealing with the Challenges of Hydraulic Fracture Initiation in Deviated-Cased Perforated Boreholes ［C］. SPE paper 132797, 2010.

［107］ 文贤利. 水力喷射压裂裂缝起裂与扩展规律研究［D］. 西安：西安石油大学，2011.

［108］ Kaushal D R, Thinglas T, Tomita Y, et al. CFD modeling for pipeline flow of fine particles at high concentration ［J］. International Journal of Multiphase Flow, 2012, 43：85~100.

［109］ 钱斌, 朱炬辉, 李建忠, 等. 连续油管喷砂射孔套管分段压裂新技术的现场应用［J］. 天然气工业，2011, 31（5）：67~69.

［110］ Hossain M M, Rahman M K, Rahman S S. Hydraulic fracture initiation and propagation：roles of wellbore trajectory, perforation and stress regimes ［J］. Journal of Petroleum Science & Engineering, 2000, 27（3）：129~149.

［111］ 郭天魁, 张士诚, 刘卫来, 等. 页岩储层射孔水平井分段压裂的起裂压力［J］. 天然气工业，2013, 33（12）：87~93.

［112］ 赵金洲, 任岚, 胡永全, 等. 裂缝性地层射孔井破裂压力计算模型［J］. 石油学报，2012, 33（5）：841~845.

［113］ 黄荣樽, 陈勉, 邓金根, 等. 泥页岩井壁稳定力学与化学的耦合研究［J］. 钻井液与完井液，1995（3）：15~21.

［114］ Chenevert M E. Shale Control with Balanced-Activity Oil-Continuous Muds ［J］. Journal of

Petroleum Technology, 1970, 22 (10): 1309~1316.

[115] 温航, 陈勉, 金衍, 等. 硬脆性泥页岩斜井段井壁稳定力化耦合研究 [J]. 石油勘探与开发, 2014, 41 (6): 748~754.

[116] 黄飞, 卢义玉, 汤积仁, 等. 超临界二氧化碳射流冲蚀页岩实验研究 [J]. 岩石力学与工程学报, 2015, 34 (4): 787~794.

[117] 彪仿俊. 水力压裂水平裂缝扩展的数值模拟研究 [D]. 合肥: 中国科学技术大学, 2011.

[118] 张广明. 水平井水力压裂数值模拟研究 [D]. 合肥: 中国科学技术大学, 2010.

[119] Camanho P P, Davila C G. Mixed-Mode Decohesion Finite Elements for the Simulation of Delamination in Composite Materials [R]. NASA/TM-2002-211737, 2002.

[120] Turon A, Camanho P P, Costa J, et al. A damage model for the simulation of delamination in advanced composites under variable-mode loading [J]. Mechanics of Materials, 2006, 38 (11): 1072~1089.

[121] 孙宝江, 孙文超. 超临界 CO_2 增黏机制研究进展及展望 [J]. 中国石油大学学报 (自然科学版), 2015 (3): 76~83.

[122] 王晓峰. 煤储层水力压裂裂缝展布特征数值模拟 [D]. 北京: 中国地质大学 (北京), 2011.

[123] 宋军正, 郭建春. 压裂气井出砂机理研究 [J]. 钻采工艺, 2005, 28 (2): 20~21.

[124] Almond S W, Penny G S, Conway M W. Factors Affecting Proppant Flowback with Resin Coated Proppants [C]. SPE paper 30096, 1995.

[125] Andrews J S, Kjorholt H. Rock Mechanical Principles Help to Predict Proppant Flowback From Hydraulic Fractures [C]. SPE paper 47382, 1998.

[126] 李天才, 郭建春, 赵金洲. 压裂气井支撑剂回流及出砂控制研究及其应用 [J]. 西安石油大学学报 (自然科学版), 2006, 21 (3): 44~47.

[127] Benyahia S, Syamlal M, O'brien T J. Evaluation of boundary conditions used to model dilute, turbulent gas/solids flows in a pipe [J]. Powder Technology, 2005, 156 (2): 62~72.

[128] 李良川, 王在明, 邱正松, 等. 超临界二氧化碳钻井流体携岩特性实验 [J]. 石油学报, 2011, 32 (2): 355~359.

[129] 侯磊, 孙宝江, 蒋廷学, 等. 支撑剂在超临界二氧化碳中的跟随性计算 [J]. 石油学报, 2016, 38 (8): 1061~1068.

[130] Wang R H, Cheng R C, Wang H G, et al. Numerical simulation of transient cuttings transport with foam fluid in horizontal wellbore [J]. Journal of Hydrodynamics Ser B, 2009, 21 (4): 437~444.

[131] Angel R R. Volume Requirements for Air or Gas Drilling [J]. Tran. AIME, 1957, 210 (12): 325~330.